我
们
一
起
解
决
问
题

复盘思维

思维

用经验提升能力的有效方法

郑强 / 著

人民邮电出版社

北京

图书在版编目（CIP）数据

复盘思维：用经验提升能力的有效方法 / 郑强著
. -- 北京：人民邮电出版社，2019.9
ISBN 978-7-115-51594-0

Ⅰ．①复… Ⅱ．①郑… Ⅲ．①成功心理—通俗读物
Ⅳ．①B848.4-49

中国版本图书馆CIP数据核字(2019)第128959号

内 容 提 要

只有学会了复盘，你吃过的亏、受过的苦才会真正成为你走向成功的基石。

本书在总结众多前人经验和成型的复盘工具的基础上，结合企业和个人的丰富案例，详细介绍了复盘的基本理念、流程、工具，以及复盘催化师应该关注的复盘要点和操作工具。本书重点关注复盘的应用方法和场景，为读者提供有效的指导。

本书适合团队管理者科学、系统地总结工作中的经验和教训，也适合个人对自己过往的工作进行评估和总结，使自己的工作经验更好地转化为能力。

◆ 著　　郑　强
责任编辑　杨佳凝　王飞龙
责任印制　彭志环

◆人民邮电出版社出版发行　　北京市丰台区成寿寺路 11 号
邮编 100164　电子邮件 315@ptpress.com.cn
网址 https://www.ptpress.com.cn
涿州市般润文化传播有限公司印刷

◆开本：880×1230　1/32
印张：7.5　　　　　　　　　　2019 年 9 月第 1 版
字数：150 千字　　　　　　　2025 年 11 月河北第 29 次印刷

定　价：49.00 元

读者服务热线：（010）81055656　印装质量热线：（010）81055316
反盗版热线：（010）81055315

前　言

为什么要写这本书

2017 年底，有个担任企业负责人的朋友向我提出了开发复盘课程的要求，由此，我开始尝试了解复盘的相关知识，于是先后阅读了陈中老师的《复盘：对过去的事情做思维演练（实践版）》、邱昭良老师的《复盘+：把经验转化为能力》、叶峰老师的《战略复盘》、孙黎老师的《复盘：反思创新与商业模式》、韩超老师的《管理复盘：用案例反思问题，把经验转为能力》等图书。同时，我也查阅了柳传志的《我的"复盘"方法论》、温瑞和冯雪梅的《小议复盘思维对工作开展的启示》、佩宏的《基于阶段论和复盘视角的战略决策模式研究——联想集团国际化战略的能力追赶》等十多篇论文。经过两个月的学习之后，

复盘思维
用经验提升能力的有效方法

我对复盘有了初步的理解。各位老师对复盘的描述和介绍，给了我第一次复盘知识的输入。

而后，我带着问题去和企业负责人沟通，根据他们的目标和实际情况，一起交流了复盘的实操方法。我先后找了数十个企业或部门的负责人，一起讨论了复盘实操的可能性。各位管理专家对我的复盘思路给予了切实的指导，并提出了很多宝贵意见。

我研究复盘的初衷是希望做一门课程。当课程开发完毕的时候，我发现看似简单的四个复盘步骤，学员用起来却并不是十分顺畅。这里面就有理念的因素，正如联想所提出的，复盘是一种文化和习惯，而习惯本就不好养成，文化更无法一蹴而就。

如何才能快速地带领别人进行复盘？如何才能让大家即便暂时缺少复盘习惯和文化，也能够快速地把以往的优势和不足拿出来为接下来的工作提供"能量"呢？

我想到了行动学习。经过深入思考，同时也参考了复盘界前辈的一些观点，我觉得，复盘与问题解决的思路其实是一脉相承的，其本质其实是一个解决问题的过程。从这个角度入手，或许可以一试。而问题解决方面的方法和工具，我已经研究了很长时间。

于是，我以问题解决的思路为纲，结合复盘的相关知识，运用行动学习的方法，并借鉴了 IBM 加速团队变革的 ACT 分析工具，二次迭代了教学的内容，讲了十几次，每次课后都坚持花最少两小时的时间进行课程复盘和内容迭代，最终形成了一个较为完善的课程体系。这时候，我关于复盘的基本逻辑脉络已经十分清晰了。

而我希望能把相关内容落实到文字上，一来可以使自己更系统地对其进行梳理和完善，二来也希望能帮助更多的人。

所以，书中的很多案例都是课堂上的真实场景。为使读者有更好的阅读体验并保护企业及个人的隐私，我对本书的案例和相关数字都做了非常大的调整。

本书的主旨就是帮助读者学会复盘，所以里面会出现很多复盘工具，读者只需按照流程，即可一步步进行复盘了。本书对一些工具方法的大胆改造，虽未必科学，但都是来自实践中的思考。如果读者在使用的时候遇到任何问题，希望大家和我联系，我将尽己所能帮助大家。

你能收获什么

阅读本书，你可以学会复盘的实施流程，知道先干什么后干什么，怎样一步一步地深入分析。

阅读本书，你可以学到复盘的基本思路和隐藏在复盘背后的方法论。比如，我们会花费大量的笔墨去描述问题的定义，描述复盘中目标的本质等。通过对这些内容的学习，你会抛开表面现象，从底层方法论的视角去看待复盘本身。

阅读本书，你可以同时掌握很多有意思的工具，比如鱼骨图、人机料法环、波士顿矩阵等。这些工具都是基于实际应用而列出的，基本是拿来即可应用的。

本书的内容是如何安排的

本书的整体结构是按照实际复盘活动的先后顺序设计的。总体来说分为以下几大部分。

第一篇是复盘的基础知识，涉及复盘的一些有意思的故事、复盘的起源、复盘的概念、复盘的理念等。这里面最核心的内容是复盘的理念。对这些理念掌握的熟练程度会直接关系到日后复盘的成功与失败。作为复盘催化师（复盘活动的主持人、引导师），这部分内容是要时刻挂在嘴边的；作为参与复盘的人，对这部分内容也是要时不时地回过头来观察和反思的。

第二篇系统地介绍了复盘中各个环节的操作方法，包括明确目标、发现问题、分析原因、确认最终观点以及制定计划等。这部分是本书的核心内容，复盘的核心工作也就是这几项内容。

第三篇简单介绍了复盘催化师应重点关注的一些事项及复盘中会用到的表单与工具，如果你打算为你的团队做复盘，可以仔细看看这部分内容。

在附录部分，我介绍了一个复盘的全过程案例。通过这个案例，我又回顾了一遍复盘的实际流程，以便读者对此内容有更深入的理解。

目　录

第一篇

复盘的基础知识

第一章
复盘的概念

第一节　复盘与总结和反思的关系

　　刚开始接触复盘的时候，我对这个看起来陌生且高端的词并不十分理解，觉得这是一门高深的武功，练（学）之虽不一定天下无敌，但可以帮助自己解决一些现实问题，使自己步入"正轨"。真正接触之后，一开始觉得它平淡无奇，可随着日后对其理解的不断深入，我又品出了不少平淡背后的滋味。

　　单纯从内容上来看，复盘就是一个很普通的动作，每个人几乎都在用。所以，如果有人问我，什么是复盘，我会告诉他，

复盘思维
用经验提升能力的有效方法

复盘跟我们平时做总结或进行反思是一样的"动作"。

每个人或多或少都接触过这个"动作"。比如，小伙子和女朋友分手后，痛定思痛，发现了自己当初对待感情的幼稚与不负责任，于是痛改前非，最终成为优秀的老公和家长。再比如，女孩子当初遇到渣男，被其欺骗，分手后总结得失，最终炼就火眼金睛，找到自己的真命天子并过上了幸福的生活。对普通人来讲，通过总结自己的过往，进而使得生命质量得以改善的事件，每时每刻都在发生。

一块玉被挖出来之后，需要不断地打磨，才能成为有用的"器"，古人把打磨的这个过程叫作"琢"。个人也是如此。我们从呱呱坠地到独当一面，期间经历过无数磨难。成才的原因并不在于经历了多少，而在于每次经历之后，我们学到了多少。自我"琢"的过程其实就是总结、反思的过程。玉不琢不成器，人不琢不成材，就是这个道理。

前段时间有个很火的电视剧叫《恋爱先生》。靳东主演的男主角程皓在大学期间做了女神顾遥四年的"备胎"，亲身见证了女神的日常生活和感情经历，并每天对其进行总结（复盘），几年下来竟然记录了好几大本的"恋爱宝典"。但最终美人远嫁美国，程皓也没有浪费积累的"知识"，成为专帮别人出谋划策解决情感问题的"恋爱专家"。剧中男主角不断对女神点点滴滴的感情经历进行的记录、总结、反思，就是一个"琢器"的过程。

李小龙说："我不怕练了 1 万种腿法的人，我怕的是同一种腿法练了 1 万次的人。"其实，练了 1 万次腿法的人并不一定真正可怕，可怕的是，每练一次，都能找到问题，并对其进行纠正，最终纠正了 1 万次腿法的人，这个人才是真正的武林高手。这也是"琢器"的过程。

仅仅重复 1 万次动作的人永远也成不了专家，只有经过系统的、有目的性的、有策略的总结、反思并及时纠正了 1 万次的人才可以成为专家！重复并纠正的过程，其实就是复盘的过程。

对"见招拆招"的总结和"临时起意"的反思，并不一定能够使我们获得最大的收获。只有系统的、有目的性的、有策略的"总结和反思"才可以最大限度地帮助我们成长和进步。所以，复盘不仅仅是总结和反思，因为总结和反思是个体性的、临时性的、无规律的、不可传播和难以学习推广的。当然，复盘也可以是总结和反思，因为复盘是对过往事件进行回顾，让我们在过往中找到前进的动力。复盘的过程可以让我们在低头走路之余能够抬起头，看看前进的方向。复盘除了需要"回顾和反思"之外，还需要植入"目标和方法"。

第二节　学习复盘，要先从概念开始

前几天和以前公司的同事小王聊天，他找我请教一个问题："怎么才能成功开发一个课程？"我略感诧异，因为小王以前在公司就是一个开发课程的好手，别人开发一门课程要十天半个月甚至更长时间，而他从开始构思到使课程成形，三五天就能完成。而且不管形式还是内容，都可圈可点。这样一个课程开发能手，居然会向我请教。这引起了我的好奇："为什么会有这样的问题？"

"哎，别提了！"他一声长叹，"前几天去一个公司面试，公司很好，（中国）五百强企业，薪资高，福利好，关键离我住的地方也很近，特别好的一个机会。"小王连珠弹一般跟我说道……

"初试很成功，主管领导对我的能力也很认同，复试的时候，被人力资源总监问了一个问题：'你是如何开发课程的？'"

当时小王顿时一愣，这个问题似乎有点太简单了。小王思考了一下，觉得如果直接回答"打开 PPT，填充内容，美化课件"，可能会被直接赶出去。

小王做了好几年的培训工作，工作重心就是课程开发，他开发的课程不少于 100 个了，因此在这方面比较自信，可面对这样的问题，竟然一时不知如何作答。

小王面临着一个大家常见的问题——日用而不自知。

生活中，一个看似简单的行为背后往往包含着很多看不见的功夫。只是随着我们做得次数越来越多，完成一件事所用的时间就越来越少了，少到我们甚至忽略了行为背后的积累。比如婴儿学步，每一个看上去简单无比的动作，对他们来说，却艰难异常。再比如父母指导小学生写作业，方法讲得很透彻，可孩子依然不会，父母暴跳如雷，孩子更是可怜兮兮……我们觉得简单无比，是因为我们忘记了自己当初学这些内容的时候，也并没有那么容易。孩子觉得难，是因为实在不懂抽象的概念。以下4个步骤可以说明学与教的过程：（1）我不会做；（2）我会做，但做得慢；（3）我会做，做得很快；（4）我会做，并且知道背后的理论和方法。这其实是学习的一个过程。而我们教别人的过程却是反向的（如图1-1所示）。

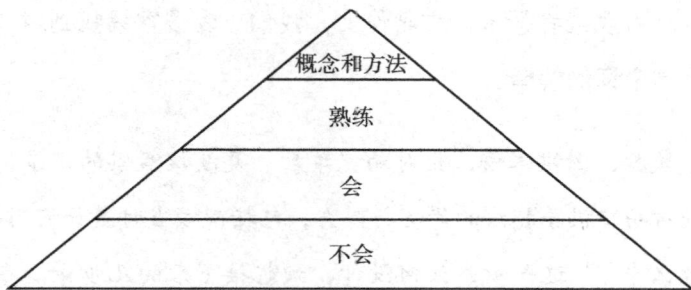

图1-1　学与教的过程

自我学习是一个从步骤 1 到步骤 4 的过程，也就是先自己做，摸索出一套方法之后，再将方法总结提炼成概念。可技能传授却是一个由步骤 4 到步骤 1，再到步骤 2 和步骤 3 的逆向过程。也就是说，我们在向别人介绍一个新知识的时候，往往会先介绍这个事物的概念（包括步骤、方法、流程、好处等），然后，别人才会根据概念摸索着去实践。这样所花费的时间更短，效率才更高。而很多人就像小学生写家庭作业一样，特别听不进去父母所讲的理论、概念等抽象内容，但往往这些内容才是我们学习知识的关键。所以，尽管不讨喜，我们还是一定要将复盘的概念弄清楚。

第三节　什么是复盘

从百度或者很多论文著作上，我们可以很容易找到对"复盘"这个词的解释。

复盘，围棋术语，指对局完毕后，复演该盘棋的记录，以检查对局中棋手招法的优劣与得失，包括回顾当时是如何想的，为什么"走"这一步，如何设计、预想接下来的几步等。在复盘中，下棋的人会对自己和对方走的每一步的成败得失进行分析，同时提出假设——如果不这样走，还可以怎样走；怎样走才是最佳方案。

但这个解释对本书而言并不适合。本书中，我们更多的是从组织行为的角度来定义复盘。我们认为：

复盘是运用科学的方法，对组织或个人以往的工作进行回顾，发现其在以往工作中的优点和不足，进而为未来的工作和计划做好准备。

这里有几个重要因素需要解释一下。

第一，复盘是一个严肃的行为，但我们在进行复盘工作的时候，应该刻意打造出一个轻松愉悦的氛围，以促使参加复盘的员工能够畅所欲言，甚至在复盘的现场，大家忘记彼此的职位，对事不对人地就某一个问题进行深入探讨。

同时，我们应严肃把握一个基本准则，即不是为了复盘而复盘，复盘的目的在于找出组织前进过程中的绊脚石、拦路虎，并坚决将其铲除。只有这样，才能真正形成有效的复盘结果。这有点类似于我们写文章所要求的"形散神聚"。所以，不管表现得如何轻松惬意，在本质上，我们都要非常严肃认真地对待复盘这件事。既然这是严肃的行为，那么我们就要严格遵循科学的方法论，而不能随意地东一榔头西一棒槌地总结与反思，也不能拍桌子瞪眼睛、争论不休。

第二，复盘可以是个人行为，也可以是组织行为。但当我们在企业中谈复盘的时候，它就是组织行为。当我们在公司进行复盘的时候，出发点就应该是让组织获利，同时兼顾个人利益。举个例子，当员工因为客户的"无理取闹"而怒发冲冠甚至恶语相向的时候，从组织角度来看，这种恶语相向的行为就很不妥当。我们可以据理力争，但最终目的并不是要证明谁对谁错，而是要针对事情本身，找出解决方案。所以，一味地纠结于"谁做错了"不如着眼于"事情是怎么错的"更有价值。我们应把每个人的行为放在组织中进行评估。

第三，复盘并不是一个单纯地去"找茬"的过程。我们应该意识到，失败是成功之母，但成功也可以为继续成功奠定基础。所以，一方面，在复盘过程中，我们要保持谦虚谨慎的态度，去发现组织过往的工作中所出现的问题和不足；另一方面，我们不仅要对失败的事件、决策进行复盘，同时，更要对成功的事件和决策进行复盘，找到成功背后的逻辑，要知其然更要知其所以然。这样我们才能更好地发挥优势，快速前进。现在我们都提倡优势理论，也就是说，通过发挥我们的优势所获得的成就远比去弥补我们的不足所获得的成就更大，也更容易。

第四，发现以往工作中存在的优势和不足并不是目的，目的在于为接下来的行为或决策做准备。所以，复盘的关注点应该在"我们接下来怎么办"。一开始，我们从组织的角度去看待复盘，而到具体计划和执行的时候，则应该细化到每个人的具体工作和绩效层面。什么时间、什么地点、什么人、完成什么工作、完成的效果和标准如何……每一点都不能马虎。

组织复盘，哪怕是组织中的个人工作复盘，也不是一个人坐下来想一想就能轻松搞定的。我们要在思想上重视它，将其视为改变现状、提升绩效的法宝。同时，在具体的操作上，我们可以表现得很轻松，可以营造温馨的氛围，因为人只有放轻松，才能迸发出更多的智慧，才能提出更多有建设性的意见。

第二章
复盘的成功故事

回顾历史，我们会发现一作非常有意思的事。失败的原因林林总总，但成功的人却总有着一些惊人的相似之处。其中之一，就是善于复盘。几乎每个成功的历史人物都会有意无意地去通过复盘来进行个人修养和素质的提升。我们不妨来回顾一下前辈们精彩的复盘故事。

第一节　司马光孜孜不倦求上进

司马光是北宋著名的政治家、史学家、文学家。他一生著作颇丰，其中他领导编撰的《资治通鉴》被认为是继司马迁的《史记》之后最优秀的历史巨著。

司马光自小敏而好学，7 岁就可以背诵《左传》。他立志远大，对自己要求十分严格。关于他的故事除了家喻户晓的"司马光砸缸"之外，还有一个很有意思的关于睡觉的故事。

司马光小时候虽然好学，但记忆力并不出众，往往当别人记住一篇文章的时候，他还没记住。为了弥补自己的不足，年少的司马光提出"日力不足，夜以继之"。说白了，就是白天记不住，晚上（别人睡觉的时候）继续努力。

可光有决心还是不够的，年少的司马光每每读书至深夜之后，第二天总会赖床，起不来，几次尝试之后仍然如此。于是，他想起了自己有一天早晨早早地被尿憋醒的经历，决定晚上多喝几大碗水，这样第二天自然就会被尿憋醒。想法是不错的，可少年郎还是高估了自己的自控能力和膀胱的收缩能力。第二天，他并未如期醒来，伴随而来的却是一床的尿液。书没读上不说，他还被哥哥们狠狠嘲笑了一番。

羞愧的司马光匆匆将被子拿出去晾晒，回来后他仔细思考，觉得憋尿之法虽然看似可行，可自己无法精确衡量喝水量与第二天醒来的时辰之间的关系，他又没有勇气通过多次尝试来测一个标准值。于是，他决定放弃此法。

既然此方案不成，那就实施第二个方案——由母亲喊自己起床。母亲睡得很早，第二天也起得很早，至少司马光从未见到母亲比自己起得晚，被尿憋醒的那次也不例外。母亲自然欣然允诺。于是，头天晚上，司马光开心地读书至深夜，美美地睡了下来，满心期望第二天一早母亲能够叫自己起床。可第二天，他仍旧睡过了头，醒来之后，竟然发现母亲在床前已经坐了许久，司马迁不解，问母亲为何没叫自己起来，母亲回答，因观其昨夜读书甚晚，早晨想让他多睡一会儿，养足精神再读书。

司马光自然很不开心，但面对慈爱的母亲，自小孝顺的他也不敢生母亲的气。他反思之后觉得，自己平时读书至深夜之时，母亲就心疼万分，还时不时过来提醒自己该睡觉了，更何况要她早晨喊自己起床，那简直是在折磨母亲。无奈，此计也以失败告终。

没办法，司马光只好再从自己身上想办法。一次无意间，他在自家花园读书，困意袭来，不自觉地就枕着旁边的一根圆木睡了过去。睡正酣时，一个翻身，圆木滚了出去，脑袋瞬间和地面产生了一次近距离的接触，他立刻惊醒，还未从疼痛中

复盘思维
用经验提升能力的有效方法

缓过劲来的司马光瞬间意识到，这可以作为早晨叫醒自己的一个好办法。于是，司马光兴冲冲地用这根圆木替换掉了舒服的枕头。

可第二天，虽然他因圆木的原因早醒了片刻，但效果依然不理想。司马光仔细思考，圆木醒枕的方法肯定是可取的，之所以没像那天在花园中一样快速叫醒自己，是因为床铺得太厚了。圆木枕陷入松软的床铺中，效果自然大打折扣。想通此环节后，他马上命人换上硬板床，搭配圆木枕。如果不考虑起先他脑袋上被磕的几个包，效果简直就是完美了。

这就是历史上著名的"圆木醒枕"的故事。

以前读到这个故事的时候，我想到的是刻苦、勤奋好学的司马光，如今再想起这个故事，我想到的却是善于思考、善于复盘的一位少年郎。

司马光在这样一个小小的读书事件中，先后进行了几次自我复盘。第一次复盘，他认清了自己的实际情况。自己的目标是要多读书，进而成材成器。通过对自身条件的评估，他发现，自己是不可能和哥哥们一样快速记忆的，于是提出"日力不足，夜以继之"的行动策略。同时，他也发现了自己早晨记忆力更佳的特性，于是秉烛夜读之外，要求自己早起学习。

第二次复盘，他采用晨尿唤醒策略，失败之后，他再次对自己的目标进行确认，并分析了起不来的原因，进而提出改善建议和方法，但却再次失败。

第三次复盘，他让母亲叫醒自己，虽然再次失败，但他早起的目标仍然很坚定。分析失败的原因之后，他采用了圆木醒枕的策略。

第四次复盘，圆木醒枕的策略虽初见成效，但仍不理想，于是他再次进行复盘，将软床改成了硬板床。自此以后，他做到了晚睡早起，用功读书。

我们且不论司马光的政治主张，仅从个人文学贡献和仕途发展来说，司马光毫无疑问是成功的！他的成功不是因为圆木醒枕让他比别人多读了多少文章，掌握了多少道理，而是因为他身上的一个非常独特的品质——自我反思与复盘。他能够从自身出发，不断反思自己，调整行动策略，且百折不挠，坚韧不拔，直至达成目的。这样的品质才是他取得非凡成就的真正原因。

第二节　苏秦的自我反思

苏秦是战国时期著名的谋略家、外交家，与张仪同是当时的纵横家，曾同一时间六国为相。也就是说，苏秦在最辉煌的时候，同时担任着六个国家的丞相一职。实际上，苏秦成了六个国家中仅次于国君的领导人。甚至从某种意义上说，秦始皇花费巨大精力要做到的统一六国，苏秦一个人就轻松实现了，可谓风光一时无两。

这样一位历史牛人，其仕途却并非一帆风顺。

苏秦与张仪同时师从鬼谷子，在其门下习文练武。苏秦学习刻苦，文韬武略均有所长。时值战国七雄纷争，天下大乱，苏秦怀有一腔热血，希望济世救国。他首先找到当时名义上的天下共主周王，并毛遂自荐。周王还是有些识人之术的，很想留下苏秦，为自己出谋划策，可当时很多王公贵族都看不起苏秦，认为他出身低贱，不配留在周王身边。所以，第一次面试，苏秦因为被视为"乡下人"，被周王拒绝了。

无奈，苏秦赶赴秦国。刚来秦国的时候，苏秦还是很阔气的，他穿着貂皮大衣，兜里揣着黄金。可他在秦国连续写了十封自荐信都未获接见，当时秦国对外地人很排斥，不愿意重用他们。虽然秦王觉得苏秦不错，但考虑再三，仍然决定不予录用。所以，第二次面试，苏秦因为"外地人"的身份而遭拒。

最后，苏秦只落得个"黑貂之裘敝，黄金百斤尽"的凄惨下场。阔气的苏秦钱花完了，连貂皮大衣也卖出去了，但依然没找到工作。没办法，他只好回家。因为没钱，他雇不起车马，只好用裹腿布把自己两只小腿紧紧地裹起来，以免长途走路，小腿受伤，然后他穿上一双草鞋，一路饥寒交迫地赶回家中。

苏秦出门的时候是帅小伙儿，出去几年回来了，却面容黝黑枯槁，与乞丐无异。回家之后，迎接他的也并非家人久别重逢的喜悦。媳妇在织布，都没出来迎接他，嫂子也不给他做饭，甚至连父母都懒得搭理他。"你这败家子出去好几年，一分钱没赚回来，还有脸回来吃我们的、喝我们的？！"

如果是你，此时该如何自处呢？

不得不说，苏秦确实有着不一样的胸怀和气度。面对此遭遇，他并未怨天尤人，只是自己重重地叹了一口气说："我媳妇不出来迎接我，不尊重我，差点不认我这个老公，嫂子也不给我做饭，不把我当兄弟，连爹娘都不搭理我了，都怪秦王啊！"

但苏秦并未因此沉沦，而是认认真真地作了一番自我检讨。他日思夜想，认真地回顾了自己这几年的求职生涯以及在此过程中所说的话、所做的事。他发现，虽然有一部分客观原因导致自己求官无门（比如周王因他是乡下人而不用他，秦王因他是外地人而不用他），但总的来说，还是自己的一些观点没有深深地打动国君。因此，他在含垢忍辱之下，连夜检阅自己的藏书，在一堆小山一样的竹简中，翻出了姜太公所著的《太公阴符经》。他知道，自己若想出人头地，报效国家，这本书将起到举足轻重的作用。于是，他开始勤奋钻研这本书中的精髓。我们熟知的"头悬梁，锥刺股"中的"锥刺股"说的就是苏秦本人。

就这样，经过了一段时间的学习，苏秦彻底消化了姜太公的《太公阴符经》。之后，他再度离家，开始了第二轮的求职生涯。

经过上一次的教训和再一次的学习，第二次出世，苏秦果然功力大进。因上一次秦王的拒绝，苏秦决定从其他六国下手。在游说六国的过程中，苏秦竟然凭借才情，一下征服了所有的国君，大家争着抢着要让他当丞相。于是，怀着对秦王的不满，他腰里挂着六块相印，想着法子和秦国斗争，这一斗就让秦国统一六国的进度整整慢了十几年。这也算报了当年对秦王不满之仇了。

如果我们从复盘的角度看苏秦这个人，他的故事很有意义。

纵横家苏秦的成功，不仅因为他的才华横溢、口才无双，更主要的是因为他在面对人生低谷时具有正确的处事态度。他没有愤世嫉俗，也并未大声咒骂，更不曾意志消沉、一蹶不振。

虽然面容枯槁、年岁越来越大，但他依然朝气蓬勃、充满干劲。问题发生了，他不怨天尤人，而是从自身找原因，对过往事件进行深刻的复盘与剖析，进而发现问题、弥补不足，奋勇前进。这才是苏秦的难能可贵之处，也是复盘的精髓所在。

第三章
复盘的理念

理念就如信仰一般，是一切事情的出发点。而我们在讨论一个问题的时候，往往不愿意谈"主义""理念"，总觉得这些内容有些空，有些虚。而往往走了一大圈，回过头来再看，才发现那些我们曾经嫌弃的、看都不看的"又空又虚"的价值观、理念、出发点等内容，才是一个问题的最终"归宿"。柳传志老师、邱昭良老师、陈中老师等复盘界的前辈们之所以在各种媒体上不断地呼吁复盘的文化、复盘的重要性，其作用也在于此。

所以接下来，我们将深入探讨复盘应遵循什么样的理念。总的来说，复盘应包括以下几个理念：自我改变、凡墙皆是门、时间永远不够、0.1>0、错的永远是我们。

第一节　自我改变

　　这是一个很老却很实用的例子。某小型挖掘机生产公司今年业绩完成得很糟糕，销售额较去年同期下降了 50%，老板李涛对此颇为焦急，于是召集各个部门的负责人讨论造成现在问题的原因，希望能够及时止损，实现业绩的上升。

　　当谈及业绩问题时，首先应该反思的自然是冲在业务最前线的销售部门。销售部的王总在李涛请其发言的话音刚落时，就开始了"反思"。王总淡定地喝了一口水，清清嗓子，说道："我知道，从今年数据来看，销售业绩很不理想，为此我还特意去市场做了一番调研。通过询问我们公司的业务员，观察和调查了其他公司的相关产品之后，我发现我们今年销售业绩下滑的主要原因还是在产品本身上。我们公司所生产的小型挖掘机，早些年是有一定优势的，不管从用料上还是功能上，都比同行高出不少，客户对我们也很认可。可自去年开始，我们主要的几家竞争对手都开始争相投入大量的人力和物力去研发新机型，尤其是 A 公司，他们今年新研发的'奋斗者'系列挖掘机，其性能比我们优越，而价格却比我们低了 30% 都不止，我们今年连续丢的几个大客户都是被 A 公司的人抢走的。我不是危言耸听，如果我们的新产品研发再没有进展，咱们的市场早晚会被以 A 公司为首的企业完全占据的。"王总越说越激动，矛头直指研发部的负责人徐总。

作为一个职场老鸟，徐总直对众人投来的询问的目光，并未表现得惊慌失措。他接过王总的话茬，以退为进，同意了王总的观点。徐总说道："确实，你说的 A 公司的'奋斗者'系列挖掘机我早就关注过了，不管从性能上还是造价上，都比我们有不少的优势。我们部门的十几个兄弟也每天都在加班加点地赶进度，研发新产品。本来我们研发的新产品已经有了不少起色，估计今年上半年可以做出不差于对方的产品，可今年年初，公司毫无商量余地地把我们的研发经费砍掉一大半，让整个研发进度大幅下降。李总您也知道，做我们这行的，研发投入量是很大的，少一点都不行，何况一大半的研发费用被砍掉呢？当时我因为这事没少和财务总监老郑交涉，可最后还是被砍了。"

李涛也觉得徐总说得有理，频频点头表示认可，但眼里不揉沙子的财务总监不干了，马上反驳道："老板，这事您可要公平对待啊。关于研发预算费用这块，年初的时候，采购部上来就多要了好几百万元的采购预算。我不批，最后采购部的老张还是拿着您亲自签字的文件找到我，说您同意的，还说今年可以先把研发的预算省一省。我这才拆了东墙补西墙，把钱先挪到采购部的。"

李涛自然不会忘了这事，只好出来解释道："这事确实是我决定的。"采购部的老张见老板尴尬，马上接过话头，说道："今年采购的成本确实比去年增加了好几百万元，主要是出于对产品质量的严格把控，所以我们生产的设备、原材料都是直接从 A 国进口的。可去年年底，这个工厂所在地区忽然发生火山喷发，导致工厂产出受损，价格自然就被拉高了不少。这还是我托了不少关系，人家看在我们是老客户的面子上，才决定卖给我们原材料的。"

"原来，算来算去，销售额下降的原因竟然和国外的火山喷发有关。那大家都没问题了？"李涛愁眉紧锁，竟然不知道这会议该如何继续开下去……

类似的事情其实或多或少地发生在每个公司的每个部门和每个员工身上。人们总是能够找出各种各样的理由来解释工作没完成的原因——国家政策变化、市场环境不好、竞争对手恶意压价、客户内部动荡严重，公司产品过于落后等。越是职场老油条，说出的理由越是合理，乍听起来，无不头头是道，可仔细一琢磨，却又总觉得哪里不对。

从交易角度来看，企业所支付的并非员工的 8 小时或者更多工时的费用，而是在这些时间内员工所创造的价值。销售部需要提供的价值就是将公司的产品和客户的需求进行有效的结合，帮助客户实现其价值，并成功推销出企业的产品。采购部需要提供的价值就是在有限的资源下，可以买到最合适的原材料，这正是其部门员工所要展示出来的能力。

当我们回顾过往，希望能够从失败的经验中找到问题的原因并由此改变的时候，我们首先要做的就是不抱怨、不推脱，认真地从自身的角度去分析——在整个过程中，到底有哪些做得还不够。

所以，复盘首先要求我们做到的，就是停止抱怨，从我做起，重新审视自我价值，发现我们所蕴含的无穷能量，因为"我"才是一切发生的根源所在。即使上条路走错了，但是当我们坐下来去反思过往的时候，至少还能总结出一条失败的教训，这也是不小的收获。

通过以往的经验，我发现，无论最终复盘的结果是成功还是失败，自我改变的理念都至关重要，甚至起到了决定性的作用。如果我们能够用好这个理念，复盘成功的概率就会大很多；而如果用不好，复盘失败的概率也会大很多。

复盘思维
用经验提升能力的有效方法

　　一方面，人类在经过几百万年的进化之后，变成了地球上唯一的高等智慧生物，其所带来的天生的优越感至今尚未被挑战过。另一方面，人类在面对恶劣的自然环境时，需要一些自我激励，以使自己能够振作起来，勇敢面对接下来的一切。这是天性！

　　这份天性会让我们自我感觉良好，觉得自己聪明又有价值。在它的影响下，我们会认为是下属的失职、同事的嫉妒，或是一些超出我们能力控制之外的因素导致了恶果。更有甚者，实在找不出更合理的原因，就将坏的结果归为运气、命运等虚无缥缈的原因。不管怎么样，每个人每时每刻都在为自己寻找各种理由，来证明自己是优秀的。

　　晚上我们躺在床上，回忆起白天被领导或客户批评的场景，满脑子不是对自己行为的反思，而是对领导的恶劣态度耿耿于怀。虽然我们也会觉得自己的工作做得有些不到位，但马上就会找出一个原因——自己感冒了，自己当时被打扰了，自己脑子里想着家里刚刚满月的孩子……总之，最后的结论就是，这事不是我不行，而是环境所迫。

　　心理学家把这种"自我肯定"的现象叫"自我免疫"。可以想象，在这种状态之下，我们如果打算切实地复盘出自己工作中的问题，那将是一项多么困难的工作。

我想，这也是复盘工具虽然简单，但将其运用得出色的人却寥寥无几的原因吧。

那么，我们如何才能做到有效的自我反思呢？我认为需要从以下几方面做些努力。

第一，跳出当局者的层面，从另外一个层次来审视自己的过往。我们经常会说，如果我是他 / 她，我肯定会怎样，然后结果会如何……这就是旁观者的角度了。也就是说，我们可以从另外一个层面去看待某个问题，可以客观公正地审视整个事件的始末，抛开个人主观性，抛开自我防御机制，这时候，我们可以看得很通透。所以，当再次面对问题的时候，我们不妨先深呼吸三次，让思绪停顿几秒钟，然后想一想："如果我是客户，是领导，是其他同事，应该怎么看这事？"

第二，积极进行真实的自我觉察。这很难！正如我们前边所说的，我们会把自己的优点扩大，把自己的不足缩小甚至忽略。我深深地觉得，人所谓的成熟并不在于人情世故多么通透，也不在于言谈举止多么优雅，而是不断完善自我认知。我们越成熟就越会发现，自己不是以前认识的自己了。我们所谓的成熟，就是遇见并面对真实的自己。这个过程很漫长，有些人可能到死都未曾认识清楚，有些人可能五六十岁了才能领悟。孔子说"六十而耳顺"，耳顺的意思大概也包含了跳出小我的圈子，公平公正地看待每个人所说的每句话，进而使人将事物分辨得更清楚。那么，怎样才能做到自我觉察呢？

（1）活在当下。积极体会此时此刻我们所经历的事件、此时此刻我们的想法，然后忠实地将其记录下来，因为这时候的状态才是你最真实的状态。同时，多问"是什么"，而不是"为什么"，因为"是什么"代表一种实事求是的态度，而"为什么"则包含了自我逃避的理由。"是什么"可能只有一个，而"为什么"却可以衍生出很多。

（2）积极询问。我们不妨邀请亲密的伙伴或者家人，真诚地说出我们自己的问题行为，然后深刻反思（可有些时候，即使别人很真诚地说出来了，我们还会觉得对方在说谎，甚至认为对方在恶意诽谤我们）。

（3）使用心理学测试工具。我个人比较喜欢"九型人格"这套工具和理论，当然还有很多其他的测评工具，我们可以利用工具测试来了解我们的行为特点和模式。比如，9号性格的我，很多时候做事比较拖沓，拖延症很明显，同时，对事物的要求也很低，基本要求就是"完成"。所以，当一个课程的效果不理想的时候，我就会发现，自己对课程内容准备晚了，自己对课程的要求松懈了……这时候，不需要别人指出，自己也能快速地发现症结所在。当然，所有的测试都只能起到辅助认知的作用，并不能代表我们的全部状态。

第三，邀请他人帮忙。比如，我们在做复盘课程的时候，很多学员会不自觉地违反"自我反思"这一理念。这时候，我就会真诚地为其纠正，并且还会邀请其他学员一起为其纠正。

复盘，需要我们对自己的工作和自己本身进行深刻反思。这是一场战争，敌人就是我们自己或我们自己的团队！我们需要拿出莫大的勇气才能把枪口对准自己。很久以前我看过一段文字，记忆深刻。

> 首长："如果你的子弹打光了，你怎么办？"
>
> 战士："那我就用刺刀去杀敌人！"
>
> 首长："那如果刺刀也断了呢？"
>
> 战士："那我就用拳头去打敌人！"
>
> 首长："那拳头也被敌人砍掉了呢？"
>
> 战士："那我就用牙齿咬敌人！"
>
> 首长："那如果牙齿也被打掉了呢？"
>
> 战士："那我就去诅咒我的敌人！"
>
> ……

愿我们每个人都如这个战士对待敌人一样对待我们所面临的困境，想尽办法，用尽力气去克服困难、战胜困难。

第二节　凡墙皆是门

如果说自我改变是我们在复盘过程中需要克服的最大的心魔的话，那么积极勇敢的心态就是复盘过程中需要拥有的最大动力了。

我们给出的复盘的第二个关键理念，叫作"凡墙皆是门"。

这个理念很简单，意思是我们所认为的不可能、苦难、阻碍，在很多时候恰恰是我们通往另一个世界的桥梁。心是一扇门，同时也是一堵墙，关键在于我们持有一颗什么样的心、抱有什么样的态度。

当我们面对困难的时候，如果能够勇敢面对，将每一次困难都看成通往成功的挑战、机遇，那么我们一定能够找到成功的路径，甚至能够发现更大的惊喜。问题发生了，困难出现了，这所谓的"问题""困难"是我们赋予它的一个称谓，也是我们给予它的一个评价，如果认定它是无法战胜的、不可改变的，那它就是这样了。但如果我们将其视为一次突破的契机、改变的机会，那可能这所谓的"问题"反而会变成一个"福音"。

所以，在复盘中，很多人都会斩钉截铁、悲观地说，"这件事是没办法解决的"。这堵"没办法解决"的墙，我们怎么做才能使之成为一扇通往成功的"门"呢？

我们应该看到，每次危机也可能是一个契机。而到底是危机还是契机，取决于我们秉持着一颗什么样的心来面对它。

如果我们足够强大，那么墙即是门；如果我们望而却步，那么即便是门也会紧闭。我们的强大源于永不放弃的坚定信念，更是我们面对问题和困难所需的积极应对的心态。通过修炼，每个人都可以获得这种心态，每个人都可以化墙为门。

具体来说，我们应该如何去践行积极的态度呢？下面给大家几条建议。

1. 停止抱怨

我们在很多时候都觉得，抱怨可以让自己心情舒畅一些。我们常说，"把话说出来，就好受多了"。其实，这是一种错误的观念。产生这一观念的原因在于，很多人把抱怨和倾诉混为一谈了，而它们是有着本质区别的。倾诉是基于事情本身的，而抱怨却是基于情绪本身的。从本质上来说，抱怨是一种能量，而能量是可以叠加的。也就是说，在不断抱怨的过程中，体内因抱怨所积攒的（负）能量值，会随着我们一遍一遍地重复而不断增加。而这样的负能量逐渐增多，就会造成我们思考的狭隘与偏激。另外，抱怨往往也会形成一种受害者思维，在这种思维的驱使下，人往往会变得脆弱、敏感、愤世嫉俗、行动缓慢甚至毫无行动力，整天脑子里全是抱怨。当我们的内心被这些负面情绪所占据的时候，积极、进取、行动力等正能量就无论如何也挤不进来了，而我们自己也会因抱怨而无法行动。所以，改变的方法就是"管住嘴，迈开腿"，即不再抱怨，尝试着去行动。

2. 全身心地投入

投入不仅是一种情绪状态，也是一种行动状态。当我们全身心地去投入做一件事的时候，我们几乎不会去思考事件的成功或失败。就像马拉松的运动员，每一个人都在目视前方，沉浸在自己的每一次呼吸当中，所以，这样的人几乎都能到达终点。如果瞻前顾后，而没有全身心地投入，那么这场马拉松必定会成为一项"不可完成的任务"。

3. 重新构建对失败的认知

消极态度的产生，往往是由我们对失败的恐惧所造成的。因为我们害怕失败，所以不去行动。"既然明明知道前方是万丈深渊，还吃力地往前走，那是傻瓜才有的行为。"

但实际情况是，有时候停止行动非但不会让我们避免失败，还会加速我们的失败。

所以，追本溯源，我们需要认真思考一下：到底什么才是失败。

失败不是一个事物，而是一种感觉——一种绝望的感觉。这种感觉会让人如坠悬崖。失败的人在经过几次挫折后，在自己的心中画了一条线，他们不再试图努力去超越这个界限了，因为他们不想再去体验那种绝望的感觉，所以才会在每次遇到困难的时候选择放弃。

有一个有趣的实验：工作人员把一群猴子关在笼子中，在笼子顶上挂了一串香蕉，猴子轻轻一跃就可拿到香蕉，然后吃掉。后来，在猴子一拿香蕉的时候，工作人员就对其喷水，渐渐地，猴子就不再去拿香蕉了，因为其担心被水淋到。后来工作人员不再喷水，猴子也不再去拿香蕉了，尽管它们很喜欢吃香蕉。猴子没有能力吃到香蕉吗？当然不是，而是工作人员一次次地喷水，让猴子产生了一种失败的感觉，进而放弃了本来随手就能取得的成果。所以，如果从积极的角度看，哪有所谓的失败，只有在前进路上的绊脚石！

4. 信息的再收集

问题无法解决的一个很重要的原因就是信息收集不完整。而践行积极心态的一个重要指标就是，当我们面临一个看似无法解决的问题时，除了不抱怨，除了一往无前，更重要的就是立刻去分析我们所掌握的信息。为什么有些人一出马就能摆平所有的事，而有些人却每次都铩羽而归呢？这是因为成功者总是能够收集、掌握并利用更多的信息，从信息中去寻找突破口。"对方有没有朋友，而这个朋友恰恰是我认识的？""对方有没有什么困惑，而这个困惑恰好是我能解决的？""对方有没有合作的意向，而这个意向恰恰是指向我的呢？"可以说，掌握真实信息的多寡，将直接影响到问题解决的好坏程度。而我们本身对信息量的掌握程度，也会直接影响我们对事态的掌控程度，进而影响我们心态的好坏。

一切取决于我们的内心。所谓"你若盛开，清香自来"，就是这个道理。

第三节　时间永远不够

当我们在复盘过往的时候，经常会扼腕叹息："当初如果能再给我们 1 周、1 天或 1 小时的时间，结果一定不会那样。"

然而，我们毕竟没有办法再回到过去来验证我们的假设是否成立，于是，只好在下一次计划的时候多预留出一段时间。可在第二次计划的实施过程中，原本信心满满、觉得必然成功的时候，我们依然无奈地发现，时间竟然还是不够用。于是"痛定思痛"，在第三次计划中，又一次加重了时间的分配。而历史总会有惊人的相似之处，虽然事件不同，可来来回回，我们总是会发出"时间不够用"的感慨。

然而，真的是时间不够用吗？

当然！时间永远都不会够用的！

作为世界上最公平的一类资源，时间对所有的人来说都是一样的，都是每天 24 小时，一秒不多，一秒不少。

当拥有同样时间的两个人都在做一件事，并且双方隶属于不同阵营（不同部门或者不同公司）的时候，必然会导致双方共同争夺同一单位时间的所有权。

举个例子，我们作为乙方为甲方提供服务，甲方总是会要求我们做一些计划之外的工作。其实，在大多数情况下，对方并不是不知道这份工作是额外的，但仍然会强硬地要求我们完成，其目的就是将我们的时间抢夺到他们手里。这样一来，我们可利用的时间少了，而对方可利用的时间却多了。

而当我们回顾过往，发现因为给对方做了很多额外的工作而导致项目延期或者出现问题的时候，会把问题怪罪在时间上，或者把矛盾聚焦在时间上，但却忽略了双方在争夺时间资源上的矛盾。正因为如此，总会有一方的时间会被另一方掠走，当工作以周为单位的时候，对方会掠夺每一天的时间分配；当工作以月为单位的时候，对方会争夺每一周的时间分配。不管我们的时间单位有多长，对方都会狠狠地、毫不留情地与我们争夺。

所以，第一，我们并不应该关注时间是否够用，而应关注如何减少双方对时间资源的争夺，或者应关注在这场争夺战中我们如何才能实现利益最大化。因为从斗争的角度来看，只要我们退缩，时间永远都是不够用的，因为对方会无限制地、贪婪地掠夺我们的时间（从商业角度来说，这种行为无可厚非，相反，我们认为非常必要，因为这也是对组织的一种贡献。"我"能够掠夺到对方一周的时间，那么，这一周"我"就可以用来为本公司做更多更有意义的事情）。

第二，每个人都不是生而知之，而是学而知之的。也就是说，世界上没有一个人生下来就能够掌握所有的知识，因为知识本身是无穷多的，每时每刻，地球上都会有新的知识产生，也会有旧的知识被淘汰。一个人从生到死，匆匆几十年，不管多么敏而好学，都无法掌握所有的信息，无法将所有的知识学通。既然我们每个人在几十年内无法学到所有的知识，那么，我们就总会有知识盲点，令我们无法完美地完成工作，甚至会出现这样那样的问题。这时候，我们是追求那个可能花费了大量时间和精力都无法达到的完美的 100 分，还是追求只需花费少许精力即可实现的 80 分呢？时间的珍稀性要求我们不要过度追求完美，而应正视自己的不足，先把事情做对做完，再谈把事情做好。

第三，每个人都并非是完全理性的，我们在处理一件事情的时候，所依赖的并不总是一套科学合理的、应用很广的管理方法，而是我们多年积累的经验所体现出来的"直觉"。正如灭火队员一样，当熊熊大火正在燃烧，楼内传来一个孩子的哭声，这时候，要去思考的并不是如何勘查火源、实施救援的步骤，以及现场秩序维护的方法等，而是要迅速找到入口，冲入火场，抱出孩子。这种感性的决策在关键时刻才是最重要的。当然，这里要说明的是，只有在某一领域投入了超过 10 年时间的专家，才能够在关键时刻去依赖自己的"直觉"行事，这种"直觉"是多年的经验积累所形成的潜意识，但新手们还是老老实实地按照流程和方法做更靠谱一些。

综上所述，时间的稀缺性要求我们：（1）永远不要妄想通过增加时间或其他资源的投入来获得最终的成功，我们还是要追本溯源，找到事情真正的症结进行复盘，进而提出解决方案；（2）因为时间有限，我们没有过多的精力去完美地解决一个问题，在复盘的时候，着眼点应在是否解决问题，而不是是否完美地解决问题；（3）相信专家的"直觉"，我们要去复盘的是专家"直觉"背后的原因，而不是其为何没有遵循规章制度。

第四节　0.1>0

复盘的过程并不总是一马平川的，有时候也会被各种纷乱的数据迷了眼，失去了方向。

大家在一筹莫展时，总会在角落里，有一个弱弱的声音提出一个意见："我觉得我们是否可以……"也会有人立刻反驳道："这个办法效果不好，不是很合适……"于是大家依旧在一筹莫展中艰难地讨论着。

很多时候，并不是所有的讨论都会卓有成效。在我们没有办法的时候，对于一个微不足道的建议我们不妨去尝试着做一做，说不定就会收到意想不到的效果。这个微不足道的建议，我们称其为"0.1 建议"。在任何时候，我们都不应忽视 0.1 的作用，因为 0.1 大于 0。

我们可以从以下几个方面去分析这个公式。

第一，0.1 是一个基础。当我们把最小单位锁定在 100、10，甚至是 1 的时候，会发现很难去推动进程。这时候，我们不妨尝试着从更小的着眼点去试试，毕竟 0.1 操作起来比 1 或 100 要容易得多。只要利用得当，微不足道的 0.1 很可能会撬动"100"这个艰巨的难题。

我有一个朋友，做销售很厉害，几乎没有他拿不下的单子。有一次，他想攻下一个大公司的老板，打算向老板介绍一下本公司的产品，可老板因为这样那样的原因，就是不愿意见他。多次尝试失败之后，他竟然找到了客户公司打扫卫生的大姐，在为大姐买了一瓶矿泉水之后，成功地从大姐口里得知老板的上下班时间和必经之路，于是，他在楼梯间蹲守了 2 个小时，以创造偶遇，最后在电梯中利用 10 秒钟的时间成功和老板进行了沟通。老板也邀请他第二天到办公室详细磋商。这就是

0.1 的威力。如果我们把关注点只集中在如何攻克老板上，这个任务无疑非常艰巨，而如果我们转换一下思维，从别处着手，说不定就轻松搞定了。

第二，边走边看的态度也是 0.1 的一个重要体现。

我有一个同事小 A，是做招聘工作的。公司因一项紧急业务，需要临时招聘一批研发工程师。领导要求她在 20 天内招到 20 位研发人员。这是一个非常艰难的任务，几乎是无法完成的。小 A 在接到这个任务的时候，也是一筹莫展，她日夜思考到底如何才能快速招到合适的人员，可最终也没有一个好的方案。转眼两天过去了，小 A 已经略显焦躁。她回家向老公抱怨这份艰巨任务的时候，她老公毫不在意地说："管他呢，先招着看呗，找几个是几个。"小 A 一想，也对。于是干脆就抱着这种"光棍"的心态，开始了第二天的工作。小 A 筛简历、打电话、约面谈，忙乎了一星期，才招到一个人——小王。谁承想，入职后，小王马上找到小 A，说他有几个前同事，因为公司经营不善，面临失业，问能否也来公司看看。小王一下子就推荐了 8 位研发人员入职。尝到甜头的小 A 立刻发动公司员工，积极进行内推，三周内竟然奇迹般地完成了任务。所以，如果从 20 个人的角度来看，这个工作很艰巨，而如果从 1 个人的角度来看，难度就没那么大了，而这 1 个人却推动了整个工作的顺利进行。所以，"走一步看一步"在很多时候并不是贬义。在我们想不清楚、搞不明白的时候，先走走，说不定就"柳暗花明又一村"了呢。

第三，0.1虽然很小，但无论如何也比0强。因为0代表着完全失败，而0.1却是一小步的成功。

有这样一个故事。

一位老和尚，他身边有一帮虔诚的弟子。

有一天，他嘱咐弟子们每人去南山打一担柴回来。当弟子们匆匆行至离南山不远的河边时，人人目瞪口呆：只见洪水从山上奔泻而下，无论如何也休想渡河打柴了。

无功而返，弟子们都有些垂头丧气，唯独有一个小和尚与师父坦然相对。

师父问其故，小和尚从怀中掏出一个苹果，递给师父说："过不了河，打不了柴，见河边有棵苹果树，我就顺手把树上唯一的一个苹果摘来了。"

后来，这位小和尚成了师父的衣钵传人。

你看，小小的0.1威力竟然如此之大。当我们面对100甚至1000而一筹莫展的时候，不妨回过头来看看0.1。

复盘同样如此，当我们在思考某些看上去很难解决的问题时，不妨将眼光放得低一些，将问题分解得细一些。我们可以尝试着将一个"无法解决"的问题分解成几个"解决起来很困难的问题",然后将困难问题再分解为"好解决的问题"。这样依次分解,我们就会发现,最终落实到行为层面 0.1 的时候,一切都变得豁然开朗起来。

第五节　错的永远是我们

复盘是一个发现问题的过程,这个问题包括我们的问题以及对方的问题。而很多时候,对方的问题还会占多数。比如,客户临时发生人员变动,导致需求变化;客户不配合,导致项目延后;公司的报销流程过于烦琐,导致客户满意度下降;领导胡乱指挥,导致工作无法顺利进行。

毫无疑问,这些问题是真实存在的。但是,如果我们把注意力集中在给对方挑错上,却是一个非常不明智的选择。因为对方不会因我们给他们找错误而给我们发工资,可谓费力不讨好;而且,我们也没有办法替客户解决这些问题。所以,在复盘的过程中,我们应尽量说服自己:对方没错,错的是我们。

我们可以从以下两个角度去分析。

1. 对方无法改变，唯有我们自己才可以改变

据说，在威斯敏斯特教堂旁边，矗立着一块墓碑，上面刻着一段非常著名的墓志铭："当我年轻的时候，我梦想改变这个世界；当我成熟以后，我发现我不能够改变这个世界，我将目光缩短了些，决定只改变我们的国家；当我进入暮年以后，我发现我不能够改变我们的国家，我的最后愿望仅仅是改变一下我的家庭，但是，这也不可能。当我躺在床上，行将就木时，我突然意识到，如果一开始我仅仅去改变我自己，然后，我就可能改变我的家庭；在家人的帮助和鼓励下，我可能为国家做一些事情；然后，我甚至可能改变这个世界。"我们与其耗费大量的时间和精力想着去改变别人、改变世界，不妨安静下来想想我们应该从哪里做起。

2. 站在对方的角度思考问题

很多时候，我们认为对方做错，都是站在自己的主观立场去考虑的。当对方做错的时候，我们除了指责就是指责，而我们应站在对方的立场上思考一下，对方为何做错。当我们明白事情背后的原因之后，可能很多问题也就迎刃而解了。

有一次在复盘课上，当进行到"项目为何延期三个月"这个问题的时候，学员无奈地说："客户方之前负责本项目的领导

换人了，新领导上任后，不管三七二十一，一下子推翻了之前领导定的各种方案，甚至很多内容都要重新开发定制。虽然我们也强调这样一来会让整个项目严重滞后，成本也将大幅提高，但新领导态度强硬，表示前任是前任，他是他，如果想要项目按期结款，就必须按照他说的做。"于是，因为这个新领导，本次项目比预期拖后了三个月才结项。学员觉得，这个项目延期的主要原因就是客户新换了领导，而且异口同声地表示，这件事情并非自己可以控制的。复盘到此，几乎陷入了僵局。因为，我们无法预料到客户临时换帅，更无法预料到新领导上任后，对原项目的改动竟是如此之大。所以，这类事情如果再次发生，我们依然是无能为力。

这时候，我问了大家一个问题："客户为什么会推翻前任领导的所有方案呢？"

众人皆说："不知道。"

于是我再次引导大家："新领导对我们的服务是否有质疑？"

大家均说："还好，新领导其实也比较认同本公司的产品。"

我接着问："既然对我们品牌的认可度还算可以，那客户为什么要推翻我们之前的方案呢？"

这时，有个学员忽然想起来，说道："听客户内部人士说，新任领导和前任领导的关系好像不是很好，他对前任做的很多东西都不赞同。"

我继续问道："那这个问题是否可以转化为，客户因为对前任有质疑，而导致了对前任对接的项目也有了质疑，进而要求我们重新开发呢？"

当问到这个问题的时候，很多学员其实已经恍然大悟。有人马上说："其实我们在新领导一上任之后，就应该找到新领导，重新解释我们产品的价值，并将整个项目的进程重新汇报，并听取他的意见。先下手为强，可能新领导也不会对我们有那么大的抵触，因为他不会直接把我们的产品与前任领导做关联了。"大家听了一致拍手称赞。

你看，本来看上去是一个根本无解的项目问题，只因换了个方向，站在客户的角度去思考一下，问题立刻就得到解决了。

所以，无论如何，我们在任何时候都不应单纯地把发生了的事情归因到其他人或事上。我们应首先从自身的角度去问自己：在什么情况下，我可以推动整个事态的发展？如果一定要解决，我应从几个方向入手？对方这么做，一定是有原因的，我该如何做，才能让事情有所扭转？既然对方没有错，那一定是我哪里做得不到位，到底是哪里有待加强呢？这样不断地进行自我提问，最终我们会发现，对于绝大部分的问题，我们最终都可以找到解决方案。

　　"自我改变""凡墙皆是门""时间永远不够""0.1>0""错的永远是我们"五个复盘的核心理念，其实都是在诉说一个核心思想，就是一旦问题发生了，我们抱怨、伤心、愤怒，除了可以排解一下内心的苦闷，为自己找些对或不对的失败的理由之外，就事情本身而言，没有任何帮助。唯一的方法就是勇敢面对事情本身，在事情中抽丝剥茧地找到自己可以努力的方向，充满信心地去勇敢斗争。但同时要注意，我们的信念要无比坚定，我们的目标也要足够远大，但我们的行为却应足够落地，要能够从点滴做起，小处着眼，砥砺前行。这才是我们应该有的解决问题的态度和方法。

　　这几个理念就如《天龙八部》中大理段氏的六脉神剑。段家子弟人人皆会此剑法，为何只有段誉可以六剑齐出，几乎天下无敌？原因就在于段誉内力深厚。天下武功皆是如此，招式从来都不难学，难学的永远是内功。而这五个理念，正是我们学习复盘的内功。如果我们将这几个理念修炼到位，哪怕对后边的内容囫囵吞枣般地一阅，复盘的"功力"也可小有所成。相反，若对这部分理念掌握不清或者理解不透，后边的复盘流程即便再熟悉，也是无源之水，效果有限。

本篇总结

在第一篇的三章内容中，我们较为系统地介绍了复盘的一些基本概念、复盘成功的故事以及复盘过程中应遵循的理念。表面上看，这部分内容对我们的核心复盘流程并无多少作用，但实际上，这些却是复盘成功的基础，尤其是理念部分，更是如此。我们可以说，第一篇的内容是后面几篇的基础。特别是对于主持复盘的主持人或老师而言，对第一篇的内容还是要了解清楚的。

接下来，我们将对复盘的各个流程进行详细的介绍，并提出很多实际案例来进行解释。

第二篇

复盘的流程

第四章
明确目标

第一节　目标的本质

　　一次，我所在的部门去海边团建，我顺便也跟着同事学习了一下游泳。对于一个有些怕水的人来说，这无疑是很难的。练习了一会儿之后，我发现自己其实还好，从克服对水的恐惧开始，到练习手的姿势、脚的姿势、手脚并用的姿势，总体来说，比较顺利，基本上可以在水里扑腾一阵子而不沉底了。但到了最后一个阶段——练习换气的时候，我却无论如何也学不会，总会被水呛到，过程很艰辛。最后，教我的同事也只好无奈地表示放弃。后来我问了很多其他学游泳的朋友，发现大家均是对换气这个动作比较无奈。而这个动作其实是整个游泳过程中至关重要的一环。会不会游泳的评价标准就是在水里能不能生存下来，即使手脚姿势再到位，如果一口气换不上来，最终也难逃溺水的厄运，和挣扎半天最后沉底的旱鸭子没什么区别。回到岸上，我仔细琢磨了一下，觉得其实游泳也就两个步骤：沉下去和浮上来。沉下去，可以让自己前进；浮上来，可以让自己积攒能量。

这和企业管理其实有颇多相似之处。我们往往在领导一声指令下一猛子扎下去，披荆斩棘，奋勇向前，我们称之为"超强的执行力"。但光有冲劲、干劲也不成，游着游着，发现自己开始胸闷（业务出现了问题）、气短（工作的开展遇到了阻碍，举步维艰了），于是开始慌张。很多人选择的并不是马上浮出水面，换一口气，同时看看我们的方向是否正确，而是开始拼命挣扎，四处求助。求助的方式就是找领导要资源，如同水下憋闷之后马上让领导丢个氧气瓶下来一般。而有了氧气瓶之后，我们就更加肆无忌惮地奋勇前进，可最终，却很少有特别好的结果出现。原因在于，我们虽然获得了一些资源上的帮助，暂时躲开了被憋死的厄运，但仍然没能浮出水面，看看既定的方向在哪，看看与计划相比自己究竟走了多远，离岸边还有多远。

如果我们没有了目标，再努力也如无头苍蝇一般，四处乱窜。运气好的人，能够在吸完最后一口氧气之前到达对岸，运气不好的人，就会一直在水下劳心劳力地拼搏。更可气的是，很多人还在为自己的努力而沾沾自喜："你看我，多努力，多敬业，多么令人感动……"殊不知，这种所谓的努力或敬业，非但对企业没有帮助，反而会是一种损耗，白白浪费企业的投入而已。

所以说，如果把我们的经营活动看成一段游泳比赛，起点是我们年初的计划，终点是最终业绩的完成。我们听到一声枪响，噗通噗通跳下水去，想方设法快速前进，这是制定工作目标、实施计划的过程。而明确目标就相当于在整个游泳过程中至关重要的换气的过程。正是因为有了这个看上去最简单、最容易实现的动作，才能让我们朝着正确的方向前进，才能让我们有机会去反思、去复盘——如何才能快速到达终点。

而复盘的第一件事就是要求我们停下来，先什么也不干，只是安静地、谨慎地去明确一下我们的方向，看看我们当初定的目标是什么。

我们要全力以赴地工作，因为市场变化很快，竞争很激烈，如果我们瞻前顾后，顾左右而言他，势必难有成效。但如若过于投入，就很容易陷入自己的小世界中，把自己困在原地。

如同下象棋一般，街边两位老者本应气定神闲、悠然自得地对弈，可实则多数都在吹胡子瞪眼，抓耳挠腮，眉头紧皱，冥思苦想；下到酣处，棋子更是摔得咔咔响，象棋的落点已然成了对方的脑门。每个人都在认真地思考下一步该如何前进才能"置对方于死地"，高度集中的注意力很容易让人迸发出更多的灵感。果然，A大爷忽然想到一步妙棋，紧缩的眉头豁然舒展，于是不形于色地缓缓挪动一步；此时对方果然上当，于是A大爷哈哈一笑，跳马，出车，直捣黄龙，大杀四方！B大爷苦苦支撑，如风中残烛，摇曳不定。随着A大爷的步步紧逼，B大爷开始黑起了脸。此时，A大爷自然是毫无察觉的，就如战场上即将胜利的大将军，撸胳膊挽袖子，指点江山，更不时地再调侃两句"认输吧，你快完了"之类的话。A大爷越是一副胜利在握的姿态，好面子的B大爷越是不爽，于是，你可以看到一幅画面：一位大爷黑脸，眉头紧锁，气喘如牛；另一位却红光满面，敞襟露怀，悠然自得。最后，在A大爷即将走出最后一步结束对方"老命"的棋时，B大爷恼羞成怒，哗啦一下将棋盘打乱，愤然而起，拂袖而去。总之，棋肯定是下不下去了，两位大爷的关系也闹掰了。

这就是过度投入的结果。在这个过程中，如果A大爷能够适当地将注意力从棋盘上的厮杀中抽离出来，关注一下"战场外"的景象，看看B大爷的脸色，那么B大爷也不至于最终拂袖而去，他们依旧是快乐的老伙计。这就是"抽离"的好处。

但同时我们也要意识到，我们不能随时保持抽离的状态，因为过多的抽离会让人变得好高骛远。那我们该如何把握其中的节奏，什么时候投入、什么时候适当抽离呢？我们应该从以下两个方面进行思考。

1. 从里程碑的角度，做好适当的抽离

任何一项工作，即使是最资深的专家，在刚开始做计划的时候，脑海中也不会马上清晰地呈现出整个工作流程中的所有细节，他看到更多的还是几个关键的里程碑。以软件开发项目为例，关键的里程碑可能包括信息收集阶段、需求分析阶段、系统设计阶段、系统开发阶段等。我们在每一个阶段即将交付或者交付完成之后，都可以做适当的抽离，即回过头来看看，我们当初定下的在这个阶段应该实现的目标是否顺利达成；既定日期是什么时间，是延期了还是提前了；质量是否合格；在制定目标的时候是否考虑了客户的满意程度（如果考虑了，那就要回顾一下当初对满意度的描述，然后再和实际情况做一下对比）。关键里程碑的抽离（明确目标）会帮助我们走得更稳健，而不至于看上去一切都正常，偏偏到了交付的时候问题突然爆发，打得我们措手不及。

2. 从问题发生的角度，适时进行抽离

当你感觉不对的时候，就是有问题的时候！

我们在工作过程中并非一帆风顺，经常会面临各种问题，但并非所有的问题都是可以被快速察觉的。虽然我们并不知道发生了什么，但我们却很清晰地觉察出事情开始"不对劲了"。这时候其实问题就已经发生了。我们常常把这种所谓的"感觉"归结为虚无缥缈的第六感，认为其并不可信，有时候会刻意忽略它。但事后我们又懊悔地发现，当时的感觉是对的，确实出现问题了。

这就涉及意识和潜意识层面的内容。简单来说，如果把我们的思维比喻成一个海洋，我们的意识就是浅海区，而潜意识就是深海区甚至是海底。我们日常积累的很多经验和知识会随着时间的积累以及应用的减少而渐渐地沉入海底，慢慢地淡出我们的视线，甚至看上去像是被遗忘了。当问题发生的时候，我们意识层面的知识，也就是浅海区的知识可能还没有使我们意识到，但深海区的知识已经自发地动了起来，开始在警告我们"事情出问题了"。因为是在深水区或是海底，所以我们意识不到究竟发生了什么，只感觉哪里不对了。请相信这种感觉，并马上停下来，抽离一下，回顾一下目标，仔细找一找，到底

是哪里出了问题。

不管是在哪个阶段，在任何一个场景下，我们都应及时地从投入的状态中抽离出来，回顾一下我们的目标，确认一下方向是否偏离，为接下来的复盘打好基础。

回顾目标是一个抽离的过程，这个过程有助于我们更好地前行。但是，回顾什么样的目标才最有价值呢？

第二节　回顾有价值的目标

我们认为在复盘中，回顾的目标一定要符合 SMART 原则。简单来说，SMART 原则就是我们的目标必须符合以下原则。

- S（Specific）：目标必须是具体的。
- M（Measurable）：目标必须是可衡量的。
- A（Attainable）：目标必须是可实现的。
- R（Relevant）：与其他目标有一定的相关性。
- T（Time-bound）：目标必须有明确的截止日期。

比如，我们说"截至 2018 年 8 月 30 日，完成 1 万字的关于复盘的文章发布"，这就是符合 SMART 原则的目标了。

但凡谈到目标制定，一定会说 SMART，这确实是个好工具。但我发现，虽然大家都知道这个原则，但真正去利用的却不是很多。原因在于，以 SMART 为原则的目标在一定程度上缺少灵活机制。所以有些时候，领导也会刻意将目标定得灵活一些，这样在实际操作的时候会有更大的回旋空间。

但是，如果我们需要去做复盘，那就一定要复以 SMART 为原则的目标的盘。否则，很难有针对性的结果产生。因为只有 SMART 原则才是可以精确衡量的，才是可视的。这样，当我们去回顾过往，看到我们的问题的时候，才能更清晰、准确地找到差距所在，为下一步的复盘工作打好基础。

我们不一定在做计划的时候使用 SMART 工具，但在"秋后算账"时这个工具一定是最合适的。

那么，接下来我们有两个必须要关注的问题。

第一，如果我们之前制定的目标不符合 SMART 原则，那就需要我们重新定义目标。这里可能还会有几个风险。

（1）因为我们要在复盘现场定"新目标"，所以，有些人可能会刻意把当初的目标定为现在的目标。比如，"根据现在的实际销售额度，来反推我们的目标。8 月份实际完成销售业绩 1 000 万元，那么，我们的新目标就是 1 000 万元"。这样一来，大家很可能就会觉得，"我们很好，我们没问题"。当然，复盘并不一定复问题，也可以复成果，但这样的成果无疑是假成果。不过，确实有很多人会这么做。

（2）新定义的符合 SMART 原则的目标会让参加复盘的同事感觉之前的计划／目标与新定义的目标大相径庭，如果采用新目标，意味着之前所有的工作可能要推倒，重新梳理和定义，这样会导致工作量更大。虽然这种情况并不多见，但确实会发生。所以，我们最好在事前就将这部分内容进行确认，如果确实出现以上的风险，那么就需要及时地给予纠正和辅导，确保复盘现场可以顺利有效地进行下去。

第二，有时候，我们在制定符合 SMART 原则的目标的时候，这个目标会赤裸裸、毫不留情地将一些问题表现出来，而这些问题在有些时候会被刻意遗忘或掩盖。有些人可能会刻意逃避，有些人可能会拒绝接受，也有些人因此而产生愤怒的情绪，进而刻意破坏整个复盘的节奏，所以打岔、不配合等行为时有发生。这时，我们要做好两方面的工作。一方面，复盘其实是一个揭开伤疤的过程，所以从一开始就要给参加复盘的人员这样的预期：这将不是一个平安祥和的座谈会，而是一次自我剖析、自我检讨的"内省会"。我在培训的时候，会在一开始就用一些励志的故事来强化大家对这个过程的接受程度。另一方面，作为复盘催化师，也要在现场打造一个"对事不对人"

的、温馨的谈话氛围。比如，催化师可以准备一些零食，利用
海报、条幅、桌布、气球等道具布置会场，让大家能够放松心
情，愿意进行分享。"对事不对人"氛围的打造，需要主持复盘
的人注意：整个过程中尽量少谈人名，多谈事件；少用"你"，
多用"我们"；少谈是谁的责任，多谈解决方案。总之，催化
师应刻意淡化每个人在具体执行过程中的问题而强调整个事件
产生的过程。

　　不管多困难，我们都要坚定地去执行以 SMART 为原则的
目标，因为这个目标才是复盘的最基本所在。

第五章
评估结果

终于写到评估结果这部分了。这部分内容是我在规划本书的时候最让我纠结的一个部分。因为在实际复盘过程中，进行到这个流程的时候，这个动作很小，有时候只需说明"是"或"否"即可。但在整个复盘过程中，却又会时不时地出现关于这部分的内容，一出现就是一个坑，如果我们不弄懂这部分内容，复盘就是不断填坑的过程了。说白了，我们复盘过往，首先要明确我们到底要复盘什么，知道错的是什么比知道怎么错的更重要。这是仅次于复盘理念的第二重要的内容。所以，我还是决定把这部分内容详细地阐述一下。如果大家更关注流程，对这部分内容其实可以忽略，但如果你是催化师，这部分内容却是你一定要重点学习的。

第一节　评估结果的本质其实是发现问题的过程

如果说回顾目标是复盘的思想基础（这个基础更多地让我们意识到复盘对整个工作的重要程度，并且能够正确地把目标表述出来，可以为后续的工作做一定的准备），那么评估结果这个阶段就是复盘实施的基础。这个步骤的实施将直接关系到我们后续复盘的成功与否。

如果评估的结果正确，那么我们将会沿着正确的道路前进；如果评估出一个错误的结果，那么我们将与真理越来越远。比如，A 公司 2018 年度预计实现 3 000 万元的净利润，年底的时候发现目标已经完成，但与此同时，竞争对手 B 公司却在 2018 年比预计目标超额完成 1 000 万元的业绩。在这种情况下，A 公司应将结果评估为成功还是不成功呢？是有问题还是没问题呢？

在正式介入这部分内容之前，我们可以思考一下：复盘到底是什么？其本质是什么？之前我们介绍过复盘的概念，复盘

是运用科学的方法，对组织或个人以往的工作进行回顾，发现
以往工作中的优点和不足，进而为未来的工作和计划做好准备。

这个概念是从复盘本身的角度去看待复盘的。如果我们跳
出狭义的复盘概念，那么复盘的本质是什么呢？

在我看来，复盘的本质是一个问题解决的过程。原因如下。

首先，从操作流程来看，我们进行复盘先要确定一个复盘
的事件（目标），然后找出以往工作过程中做得好的和做得不好
的方面，将做得好的方面进一步巩固和深化，使之成为可以持
续利用的方法论。同时，我们更多地会将做得不好的、有待改
进的行为进行提炼，找出行为产生的原因，制订行动计划，以
便在下一次的工作中进行改进，这样一来，不好的行为就会转
化为好的行为，复盘便会成为我们可以持续利用的方法论。而
这个过程和问题解决的过程如出一辙。问题解决的过程是，当
我们面临一个问题的时候，我们也会积极地去对该问题背后的
事件进行评估，过程也如复盘一般，要去评估事件本身，要去
分析，要去做相应的改进计划等（如图 5-1 所示）。

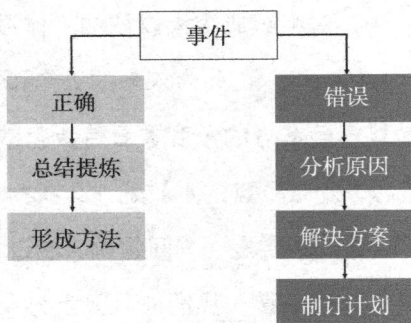

图 5-1　复盘的操作流程

其次，从目标来看，复盘是为了帮助企业进行绩效提升，问题解决同样是帮助企业进行绩效提升。不同点在于，问题解决可以在事情发生的过程中和事情发生之后进行，而复盘更多的还是在事后进行。但本质上，二者的落脚点是一致的。

最后，从基本的构成要素来看，复盘包括明确目标、评估结果、分析过程以及形成结论四个方面。而问题解决，虽然第一步看上去是明确问题，但是这里所说的问题的定义其实是目标值和实际完成值之间的差距。所以，其实问题解决的第一步同样也是明确目标。问题解决的第二步是分析问题，与复盘的分析问题步调一致。问题解决的第三步是解决问题，与复盘的形成结论也有异曲同工之处。

所以，从本质上来说，复盘的过程是问题解决的过程。如此一来，评估结果这个步骤就是在问题解决的方法论中至关重要的发现问题的过程了。

第二节　问题的定义

从复盘的角度来看，评估问题其实是很简单的一个步骤，只需了解计划目标和实际完成目标之间的差距即可。

但是，如果我们从更广义的问题解决的角度来看，评估问题所要评估的就不仅仅是简单的数据上的差值了。我们在这个过程中，要跟自己多较较劲，多找点自己的麻烦，让问题能够在这个过程中爆露出来。揭开我们的伤疤，看到血痂下面被感染的伤口，我们才能真正地从本质上去解决我们的问题。所以，这个过程注定是一个痛苦的求索过程。这个过程要求我们放下自己，从事件入手，从问题入手，将所有隐藏的问题全部呈现，不管是隐藏在伤疤下的好，还是隐藏在血痂下的毒。总之，这是一个血淋淋的令人痛苦的过程，我们都要做好准备！

说到此处，我们不得不面临一个严肃的提问——什么是问题？

这个话题一提出，可能瞬间就有人一脑门"黑线"。问题就是问题，这还用定义吗？问题就是我们遇到的困难，比如客户不配合，产品不给力，公司规章制度不合理等。

这些可以是问题，也可以是抱怨，关键的区别点就在于和我们工作本身的实际关联性。我们往往很容易掉入抱怨的情绪中不能自拔，而且还会无意识地把所有的问题都归于外因：回款不及时，是因为客户不配合；工作有延期，是因为客户不配合；领导不满意，也是因为客户不配合……问题是可以通过方法解决的，而抱怨则是一种单纯的情绪表达，有时并不需要去刻意解决，可能第二天自然而然就没有了。

所以，我们要去定义问题，了解其含义，知其本质，才能更好地去解决。

举个例子，在现代生活中得到食物通常是不成问题的，然而，当冰箱是空的或者自己身上没有钱或没带手机时，得到食物就成为一个问题了。一般来说，一个需求可能产生问题，也可能不产生问题。如果我可以立刻有办法满足这一需求，那就不产生问题；可是，如果我想不出办法，那就有问题了。因此"问题"是指：有意识地寻求某一适当的行动，以便达到一个被清楚意识到但又不能立即达到的目的。也有学者对问题给出的定义是"实际状态和期望状态之间的差距"。我们将这个概念引入我们复盘工作中，就可以表述为"问题就是实际达成目标和计划目标之间的差距"（如果我们的目标不符合 SMART 原则，这个"差距"就很难去定义，我们的问题也就很难去澄清了；而没办法澄清问题，那后续的动作也就没办法继续了）。

这个差距可以是正向的，也可以是负向的。如前面所说，正向的差距需要我们去提炼出方法论，为接下来的工作提供服务。负向的差距就要求我们明确问题所在，分析问题的原因，进而做出改进方案，并把方案运用到本次或者下一次的工作中（如图 5-2 所示）。

如果问题的定义搞清楚了，以上的内容就很容易回答了。客户不配合是现在的实际情况，那我们在制订计划时的目标是什么？

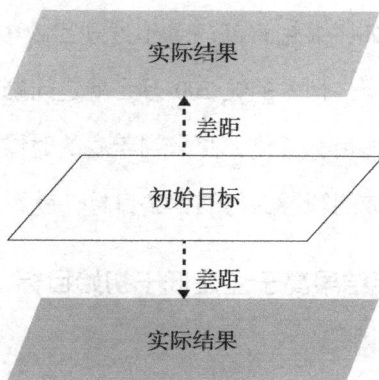

图 5-2　分析差距

如果我们当初对客户的配合给出了清晰的定义和预期，那么现在客户不配合才是一个真正的问题。

我们所面临的所有的所谓的"问题"都可以拿到这个定义上来衡量。宝宝不睡觉，男朋友不体贴，公司制度不合理，今天心情不美丽……都可以去评估一下，这是否是一个问题？

我们知道了问题的概念之后，不一定立刻能够很清晰地把问题定义清楚，在实际操作的时候还应该注意以下五个事项。

1. 为了便于展露问题，我们在定义目标时，应尽量将其量化或者可视化

只有被量化的目标才会使我们比较容易地从中找出实际结果与计划的差值，这个差值也可以更直观地展示出来，问题也表现得更明显。比如，某销售部门今年计划回款 1 000 万元，实际回款 800 万元，那么相差的这 200 万元就是问题了。而如果该部门在开始时没有将目标量化，那么到年底的时候，该部门是否完成了今年计划完成的领导交付的销售目标，就不好去定义了。

2. 无论实际结果高于还是低于初始目标，我们都需要去分析

我们在分析问题的时候，总是习惯去分析一个问题的不足

之处，认为这样的分析才更有价值，却往往忽略问题的优势。以往，我们总提木桶理论，意思就是一个木桶装水量的多少取决于最短的那块木板，而我们个人成就的高低，也取决于能否把自己的缺点补足。这个理论曾风靡很长一段时间。而随着时代的发展，我们发现，传统的木桶理论已经无法适应现在人们的需求，所以，现在我们经常提的一个理论叫优势理论。优势理论认为，一个人成就的高低并不在于是否可以补足缺陷，而在于能否发挥个人优势。发挥优势，自然要知道我们自己好在哪里，否则，成功只能算是碰运气。找出我们成功的原因，其实也是一个需要解决的问题。

3. 与自己相关联的目标 / 问题才有意义

经常有人给复盘进行分类，比如战略复盘、业绩复盘、个人复盘、他人复盘等。我们暂且不去讨论这么多分类是否有必要，而单独谈一下"他人复盘"这个话题。复盘，是对我们个人以往的工作进行总结和提炼，发现当初做这项工作的不足或优势，进而改进。而对他人进行复盘，则要以第三者的角度介入对方的行为中，如果因此对对方的行为指手画脚，显然是不合理、也起不到复盘的作用的。一方面，我们不是当事人，无法细致地分析当时当事人所面临的场景、困惑、心理等一系列因素，隔岸观火总结出来的经验，有时候非但帮不了人，反而会误人子弟；另一方面，我们复盘出来对方的问题，希望能够对我们有所帮助，但很多时候我们因为角度不同，复盘出来的内容并不会给自己带来很大的震撼和感触，无法切切实实地进行自我反思和改进。我们花了很大力气去复盘一件与自己毫无关联的事情，结果只是一个茶余饭后的谈资，这其实有点得不偿失。

4. 及时性的目标分析才更有意义，周期不要超过1年

复盘是一个从过往攫取能量的活动。这个过往最好是可以清晰、准确地呈现出来的过往。我们大多数人不具备过目不忘的本领，也完全没有全文档记录的习惯。而这种复盘大多要求我们通过回忆来找到以往工作中的事件。德国心理学家赫尔曼·艾宾浩斯（H.Ebbinghaus）研究发现，遗忘在学习之后立即开始，而且遗忘的进程并不是均匀的。最初遗忘速度很快，以后逐渐缓慢，这一过程被称为遗忘曲线。根据遗忘曲线的理论，我们在复盘的时候如果已经接触了新的工作，那么可能很快就会把之前的工作忘掉。所以，复盘最好的时机就在我们的第一个工作完成、第二个工作还未开始时，因为这时我们对这项工作的记忆是比较清晰的，也相对准确，可以保证我们评估

出来的结果比较客观。而如果拖的时间过长，我们往往会把当时的情况、外界的环境等因素混淆，这样分析出来的结果往往并不那么可靠。

5. 评估结果并不是简单的数据比较，可适当地界定评价标准

我们在评估问题这个阶段，往往要去评估问题到底是什么。这个时候，我们很容易被外界环境所影响。比如，我们如何去评价"A 公司连续十多年亏损，亏损总额超过 100 亿元"这件事呢？这是个问题吗？大多数人会说：这肯定是个问题，因为每个公司都是以营利为目的的。A 公司亏损达百亿元，如果再没有问题，那岂不是没有天理了？而实际情况是 A 公司确实已经连续十多年亏损，但它却活得很好。究其原因，就在于我们评价一个问题的标准不同。我们只是按照大众的观点进行评价，而 A 公司却有着自己的一套标准。为什么 A 公司亏了那么多钱却还不倒闭，反而越活越好呢？判断企业是否运营良好的依据是经营是否可以持续，以及产品能不能获得认可。A 公司有大量的投资注入，现金流没问题，且每年的销量在增加，客户认可，所以亏损额度在降低。亏损的原因也不是经营不善，反而 A 公司每年的销售业绩是在递增的，亏损的原因主要是把钱放在了

仓库和物流等基础设施的建设上。所以，评价标准的不同，对我们认识问题的本质产生了影响。我们在评估一个问题是否是问题的时候，应该先搞清楚我们的标准是什么，是客户满意、经营业绩、扩大市场、战略布局，还是其他？标准不同，得出的结果肯定不同。

通过对结果进行评估，我们会发现，明确问题是复盘中非常重要的里程碑性质的工作。明确了问题相当于找到了方向，相当于明确了接下来的工作步骤。但问题就像是狡猾的小老鼠，总是会隐藏在我们想象不到的角落，我们总是要花费很大的力气才能够准确地找到它。很多时候，这只小老鼠还会制造很多影子来迷惑我们。所以，有时候我们为找到一个问题而欣喜时，小老鼠却在角落里偷偷笑，这是因为我们找到的根本不是核心问题，而是一个假问题。

第三节　识别真正的问题

很多时候，当我们发现了真正的问题时，其实解决起来就变得十分简单了。所以说，发现真正的问题比解决问题更重要。我们从以下几个维度来分析。

1. 很多时候，我们日常提出的问题并不是真正的问题，而是我们臆想的问题

比如，让每一个培训师都非常头疼的一件事，就是关于学员的需求调研。我们发放调查问卷，或者进行面对面沟通的时候，经常会听到业务人员说，自己面临着时间管理、员工激励、绩效管理等类似的困惑，并希望参加相关学习。我们也会兴冲冲地找到各种资源，开班授课。可费了很大劲，当真的发出通知让学员来学习的时候，要么之前提出需求的人会以工作忙为借口不来参加，要么参加完之后依然一脸懵懂，最后，年初信心满满制订的培训计划，年中只能举步维艰地完成。到年底总结的时候，我们绞尽脑汁地想着我们本年度的工作成果，而业务部门则把所有不成功的原因都推到"人员培养力度小"上。为什么呢？究其原因，在于业务人员所提出的问题并不是他们真正的问题所在。比如有一次，一个行政总监找到我，希望能够给他们的保洁人员做个服务意识的培训，因为他觉得公司的100多个保洁阿姨每天的工作状态不是很好，整天耷拉着脸，让人很不舒服。他觉得她们的服务意识不够好。而实际情况呢？公司负责保洁的阿姨，她们的年龄基本都在四五十岁，每天早晨，行政总监都要求大家在6点前必须到岗；到岗后，由

领班带领大家跳健身操，之后在安排工作的时候，也非常随意，很多阿姨连续好几个月都被安排在比较脏和累的环境中，更要命的是，领导还是个大嗓门、急脾气的人，动辄就大声训斥阿姨们。在这样的管理环境中，就算把这种"服务意识"的培训做得再好，效果能有多少呢？还有，我们总是会看到各种报道，说某某公司为了打造所谓的狼性文化而激励员工，当员工完不成业绩的时候，做出了有辱人格的行为。其实这些都是领导或者其他提出问题的人想当然而没有发现真正的问题所导致的结果。

2. 我们经常会将别人眼中的问题当作我们自己的问题

"经验学习""标杆学习"在近几年非常流行，从最早的"向联想学习"到后来的"向阿里巴巴学习"，近几年企业家们又特别热衷"向华为学习"。当这些标杆公司的领导在公开演讲中提出其各自在公司中遇到的一些问题，并总结出解决问题的方案时，台下的众学员无不拍手称快。但是，当学员的公司貌似也遇到了类似的问题时，套用标杆公司的方法一试，却不管用。为什么？原因就在于，我们在定义自己的问题时，把对方的问题看成了自己的问题了。

一个朋友给我讲了一个故事，印象颇深。他之前曾在一家知名的家政 O2O 公司做事，每天面对的员工都是保姆、保洁、维修工等基层劳动者。有一段时间，他发现，部门很多员工的工作状态有所下滑，于是，他想起了之前在一个培训课上某个大型互联网公司的销售经理分享过的一个案例和他们比较类似，都是员工工作一段时间之后状态下滑。当时那位销售经理实施了很多举措，使本部门员工的士气在一段时间内提升了，其中的一条就是推行所谓的狼性文化。每天早会的时候，这位销售经理都会让前一天业绩完成不好的人员上台给大家鞠躬道歉，并承认自己的失败，同时承诺自己下一步的计划。朋友当即决定用一下这个方法，在第二周周一的一大早 6 点也召集部门内的员工开了个晨会，他先谈了 20 分钟公司未来的发展，然后让上一周表现不好的员工上台发言，主动道歉。可效果却非常糟糕，很多阿姨上台后，脸憋得通红，半天嘴里念念叨叨的就那么一两句话，然后逼急了，一捂脸，下台了。该有的效果没达到不说，第三周还有很多人辞职不干了。

大型互联网公司的销售部门员工工作状态下滑的原因是缺少动力和能量，领导对愿景的展望和员工的自我反省可以为员工赋能，效果自然不错。可保洁阿姨的状态下滑，却是因为近期市场不是很好，每个人都想出去多赚些钱，可工作总也不饱和，阿姨们会觉得赚不到钱而心生郁闷。这样的员工，你还让他们自己去承认自己做得不够好，那不是火上浇油吗？而且，两个群体的构成也不一样，销售部的员工都是年轻的小伙子，风一阵雨一阵的，放得开自己。而保洁阿姨都是四五十岁的年纪，在底层摸爬滚打很多年，最在乎的就是自己是否被尊重，你让她们在那么多人面前承认自己的不足，那真是让她们无地自容啊，所以，第三周有人辞职也就可以理解了。这就是把别人的问题拿来当成自己的问题的后果。

3. 满足于眼前，而忽略了问题的整体性

以偏概全，以局部替代整体，也是我们在发现问题的时候经常犯的错误。心理学有个词叫"晕轮效应"，是指当认知者对一个人的某种特征形成好的或坏的印象后，他还倾向于据此推论该人其他方面的特征。比如，俄国著名的大文豪普希金曾因晕轮效应吃了大苦头。他狂热地爱上了"莫斯科第一美人"娜坦丽，并且和她结了婚。但婚后，普希金与娜坦丽志不同道不合。当普希金每次把写好的诗读给她听时，她总是捂着耳朵说："不要听！不要听！"相反，她总是要普希金陪她游玩，出席一些豪华的晚会、舞会，普希金为此丢下创作，弄得债台高筑，最后还为她决斗而死。普希金就是被娜坦丽的美貌蒙蔽了双眼，

看不到她所有的不合时宜，从而导致一代文学巨星过早地陨落。所以，当我们千辛万苦地找到一个问题的时候，切不可过度沉浸在找到问题的欣喜中，而应该更全面地去了解问题的全貌。

第四节　如何发现问题

如何才能发现真正的问题呢？我简单地将其归为"四个一"，也就是"看一看、想一想、问一问、比一比"。

1. 看一看

这个方法其实是最简单的。所谓的看一看，就是回顾一下我们的目标，然后用当前的目标值和计划目标值进行比较，如果中间出现了差距，那么这里面就一定有问题。

2. 想一想

我们在做工作的时候，经常做着做着就感觉有点别扭了，总觉得哪里有问题，可一时又发现不了这个问题到底是什么。很多时候，我们将这种感觉当成是虚无缥缈的第六感，并且认为第六感并非总是可靠的，所以我们也就不去过多关注了。实际上，当我们出现这种感觉的时候，问题就已经存在了。这种

"别扭、不自在"的感觉并不是空穴来风，而是我们多年经验的精华所在。而且，越是经验老到的资深人士，这种第六感来得越多，对事物的判断越敏锐、准确。这时候，我们应相信这种感觉，将我们做的事情仔细梳理一遍，认真地找出潜意识要告诉我们的真正的问题。

3. 问一问

问一问是指我们要明确地知道，我们所做的工作是否对上下游的其他部门或继任者产生了重大影响。如果是，那么我们做的事情就是有问题的。

比如，A 公司有位姓李的销售总监就遇到过这样一件事情。A 公司是集团企业，在全国 10 多个省市都有分公司，其中，江苏省分公司的销售业绩一直不是很理想，几乎每年都不达标。后来，公司派了一个大区负责人张总去负责当地业务，张总做得非常出色，短短一年就让江苏省的销售业绩比上一年提升了150%，整个集团一片叫好声。张总自然也很高兴。第二年，他就被调回集团担任更高的职务了，江苏省分公司被新派去一个负责人李总。李总走马上任，将当地的情况仔细了解之后，立马火冒三丈，为什么呢？原来，前任张总为了打开当地市场、做出个人业绩，在销售策略上实施"买二赠一"的活动，凡是购买公司一年的产品和服务的客户都可以免费再获得一年的服务。这样一来，业绩自然一路高歌，可这样做却相当于透支了第二年的客户购买力。虽然张总志得意满，可继任者却不得不为其承担后果。张总的这种做法看上去非常成功，但实际上却是问题多多，因为他给上下游或者其他同事造成了很大的工作困境。

4. 比一比

有时候，那些看上去非常漂亮的工作成果背后，其实隐藏着很大的问题。这就要求我们将我们所做的事情拿到整个市场上来和其他公司、其他部门，甚至和自己的过往做一个比较，看看我们做的工作相比竞争对手是否依然有优势，我们现在的工作效率和过往相比是否一致。

比如，A 公司年度计划完成销售额 2 000 万元，实际完成 2 100 万元，这数据看上去已经不错了，可竞争对手 B 公司年度计划完成 2 000 万元，实际却完成了 3 500 万元。这样一来，A 公司到底有没有问题呢？

答案是：一定有问题。因为 A 公司和 B 公司作为竞争对手，在企业规模、人员素质、市场占有率等方面都可谓旗鼓相当，同样条件下，B 公司完成的数额却远远大于 A 公司。这时候，A 公司就要仔细去评估一下，造成它和对方之间差距的是什么。

复盘思维
用经验提升能力的有效方法

一方面，A 公司要将眼光放到整个市场中，看看相对于竞争对手而言，自己的工作完成得怎么样，是更好还是更差？好了多少？为什么？差了多少？为什么？另一方面，A 公司也要和自己的过去做比较。比如，去年完成业绩 3 000 万元，今年完成 2 000 万元，差的这 1 000 万元是怎么来的？为什么？完成一个软件升级，去年是 100 人 / 天，今年却要 200 人 / 天，为什么今年多出 100 人？

当然，我们通过"看一看、想一想、问一问、比一比"，将隐藏在各个角落的问题曝光之后，问题评估这项工作还远远没有做完，我们该如何表述才能让问题完全展示在众人面前并使他们理解，这也是我们不得不思考的问题。

第五节　清晰表达问题的泰卡原则（TECCA）

找到问题并不是评估结果的终点，怎样才能把找到的问题清晰、准确地表达出来，同样不容忽视。这是一个被全球学者所关注的话题，这个话题如此重要，以至于被各类专家学者当作一个专门的学科来研究。在各类研究中，它被赋予了一个专业词汇，叫作"表征"（全称是"问题的表征"）。为了便于理解，我们还是尽量使用"表达"一词。

从一定程度上来说，清晰地表达出问题是解决问题的一个中心环节。如果一个问题得到了正确的表达，可以说这个问题就已经被解决了一半。有时候，按照常规方式表达的问题难以求解，但如果换一个角度，可能瞬间就知道该怎么做了。反之，在错误的或者不完整的问题空间中进行搜索，不可能求得问题的正确解释。

这看上去只是一个"把话说明白"的工作，而实际上绝非那么简单。从心理学角度来看，"把话说明白"是一个将信息在大脑中呈现和表达的过程。它包含了信息和信息加工两方面的含义，是一个发现问题结构、构建自己的问题空间的过程，也是一个把外部物理刺激转化为内部心理符号的过程。这其实是一个我们对自身经验的运用、对问题的理解，进而清晰表达出来的复杂的过程。所以，把问题表达清楚，绝不是我们想象中的那么简单。

举个例子，前段时间我给某个项目部做复盘，大家在分析问题的时候，提出过一个问题。

我："是什么原因导致了项目延期？"

项目成员:"因为客户不配合。"

我:"具体怎么不配合呢?"

项目成员:"客户安排了两个人专门对接这个事情,这两个人都有自己的本职工作,对这事不是很上心,事情办得拖拖拉拉。比如,我们要做客户访谈,原计划这周完成 10 个人的访谈,结果他们落实得很不到位,一周才找了 3 个人,原本一周就能完成的工作,他们硬是给弄成了三周。再比如,我们要求他们对我们的产品进行内部测试,提交 10 个不同部门的员工的测试结果。虽然他们找了 10 个人,可这 10 个人几乎都是刚来公司不久的新人,测试出来的结果也特别分散,对我们没有太多的价值。所以,我们不得不自己再测一遍,导致时间延长。"

我:"那你觉得这个问题是什么呢?"

项目经理:"客户不配合啊!"

我:"客户没配合吗?"

项目成员:"其实我们也沟通了,说的事他们也做了……沟通还是有结果的,站在他们的角度看,他们还是配合了的。"

我:"那是什么问题呢?"

项目经理:"对方没能够完全理解让他们配合我们工作的背后的价值,以致他们只是在做基础性的执行工作,而没能较全面地看待这个问题。比如,他们如果知道这个测试对他们公司来说将决定其日后新业务模式的使用，那他们肯定不会找几个新人来做，也不会我要什么测试数据他们就提交什么，导致关键的衔接数据没有给到。"

我："所以，这个问题应该如何表述呢？"

项目经理："不是沟通不畅，是……哎呀，这个问题好难表述啊，我明白意思，可总感觉说不出来。"

项目经理对这个事件的最终表述之所以那么难，是因为他发现了真正的问题，但在信息加工的时候不能很好地进行内部的建构，所以虽然他明白了问题是什么，但很难清晰地表达出来。这其实是大家认真深入思考的表现。那么接下来，大家需要收集更多的信息，将这个问题进一步细化，然后充分理解问题的各个因素，真正地吸收这个问题，进而准确地将其表述出来。这个时候，其实问题就解决了一半。

那么怎样才能准确地表达出问题的本质呢？

这里有几个需要大家非常注意的原则，它们分别是时间原则（Time）、事件原则（Event）、清晰原则（Clear）、对比原则（Contrast）、避免歧义原则（Ambiguity）。这五个原则的英文首字母组合起来就是 TECCA——泰卡原则，下面一一进行阐述。

第一个原则：时间原则

当我们去描述一个问题的时候，一定要能够清晰地传达出：这个问题具体是指向什么时间段的，这个问题的产生是希望回到过去的状态，还是满足未来的状态，还是保持现在的状态。比如，我们经常说到客户对我们的工作不配合，这看上去是个问题，可进一步问：客户对我们的工作是一直不配合，还是曾经有过配合，现在不配合了？或者是我们希望客户将来能够配合我们的工作？这就是隐藏在问题表达背后的一个深层次的思考。

这里，我们做一个内容的延展，先来讨论一下问题的类型。一般来说，我们所说的问题基本会分为以下几个类型。

第一，发生型问题。也就是说，我们现在所做的事情没有达到应有的状态。本来运转自如的一个系统，忽然因为一些主观或客观的因素被终止或产生故障了，我们称之为发生型问题。比如，我们早晨来到公司，打开电脑，开始处理一天的工作，一开始电脑还正常运转，可忽然它就死机不运转了，导致我们无法正常工作。于是，我们不得不停下来，找人修理一下。电脑正常工作就是其应有的状态，电脑死机不运转了就是问题的产生，这个问题就是发生型问题。比如，可能客户以前一直都是非常配合我们工作的，但现在因为对方新领导上任，或者和我们的项目组成员产生摩擦，或者因为我们提供的产品令对方不满意，总之，对方忽然表现得不配合了，这也是发生型问题。这类问题是需要我们立刻去处理并解决的，否则工作就没办法继续进行下去。发生型问题的提出者，多为一线工作的员工或组长，比如项目经理等。

第二，设定型问题。所谓的设定型问题，是指我们需要为工作设定一个更高的状态。本来运转自如的一个系统或工作，现在依然运转自如，但是，我们希望接下来这个状态可以得到提升。这类问题，我们称之为设定型问题。我们还是用电脑举例，我们早晨来到公司，打开电脑，正常处理工作，你需要用到一个非常大的文件；打开的时候，电脑因为内存不足而运行得特别慢，这时候，虽然我们还可以正常工作，但我们会希望升级电脑系统来提升其运行速度。

电脑正常运行，我们称之为正常状态，升级了的电脑系统，我们称之为更高的状态。这类问题，我们就称之为设定型问题。

我们回到客户配合度的问题上来。客户其实在我们一开始接触的时候，配合度就一般，随着项目进入深水区，我们和客户对接的内容越来越多，我们的工作对客户配合度的依赖度也越来越高。这时候，我们希望通过一些方法和手段让客户能够比以前更积极地配合我们的工作，这就是设定型问题了。设定型问题并不一定要立刻得到解决，不解决，工作也可以继续开展下去。但如果解决了之后，会对我们的工作效率产生更大的影响。设定型问题的提出者，一般都是部门负责人或者企业的中层领导。

第三，未来指向型问题。所谓的未来指向型问题，是指我们以前瞻性的眼光提出区别于现在的业务模式和产品模式，来引领整个行业的发展。我们还是用电脑举例，当我们打开电脑处理文件的时候，忽然意识到未来移动办公会成为新趋势，现有的台式机是完全不能满足未来员工的移动办公需求的。所以，你立刻买了几台 iPad 或者轻薄的笔记本电脑给大家。这就是未来指向型问题了。

我们还是回到我们的客户配合度的问题上来。当你和客户接触的时候，忽然意识到产品为王的时代已经过去了，新的业务模式要求我们知晓客户新的思维导向。所以，你决定采取新的客户服务策略，邀请客户加入到公司的产品研发、定价策略、营销推广等环节中来，从客户的角度去定义公司的产品。如果你是汽车生产商，你可能会发现以往的燃油汽车已经被客户嫌弃了，于是决定投入到新能源汽车这个领域中。这类前瞻性的问题，我们就称之为未来指向型问题。严格来说，未来指向型问题并不是一个问题，而是一种战略眼光，一种对未来业务的预期状态。这类问题一般都是企业领袖或高管考虑得比较多。

所以，其实这三类问题指向的时间点是不一样的。以时间轴来看，发生型问题指向的是过去的某个合适的状态，设定型问题指向的是接下来的某个状态，而未来指向型问题一般是指向一个新的方向或目标。那么，当我们去描述一个问题的时候，我们的时间点是指向哪里的呢？以客户不配合为例，客户之前是什么状态？我们希望接下来他们是什么状态？是和之前一样，还是变得更好？其实指向的时间不一样，我们所要投入的精力和资源也是完全不同的。如果我们指向的是过去，那么我们就要思考一下：对方身上发生了什么，导致他们开始不配合我们的工作了？或者说，我们做错了什么，导致对方不配合了？如果时间指向的是未来，那么我们就要去思考：在原有的基础上，我们还需要做哪些工作才能让客户配合我们？

这就是我们所说的问题表达的第一个原则——时间原则，也是泰卡原则（TECCA）中的"T"。

第二个原则：事件原则

所谓的事件原则是指，当我们去表述一个问题的时候一定

复盘思维

用经验提升能力的有效方法

要注意，表述的是事件，而不是该事件发生的原因。比如，我们说因部门内关键员工离职导致产品上市周期延长，这样的表述就是错误的。因为关键员工离职是事件产生的原因，而不是事件本身，我们往往会把这两个内容混淆。而一旦我们将两者混淆，将会有两个主要的危害。

1. 限制我们分析问题的思路

我们在复盘过程中对问题的解决是分两步进行的：第一步，我们要定义出到底什么是事件（问题）；第二步，利用一些工具和方法对产生这个事件的原因进行分析。但是，如果我们在定义问题的时候就将原因与事件混在一起说，那么，接下来我们再去分析原因的时候，就会发现根本无从下手。比如，如果我们将问题定义为"财务报销流程复杂导致客户满意度下降"，那么我们的主观意识就会传达一个信号，客户满意度下降只是由公司财务报销流程复杂导致的，我们接下来的关注点就会在财务报销流程上。而实际情况是，财务报销流程复杂可能只是客户满意度下降的一个原因，不一定是主要原因。我们对客户的需求理解不够，或者客户的降价提议未被满足等，都可能是客户满意度下降的原因。随着分析的深入和增多，我们才能够从更全面的角度去考虑这个事件（问题）产生的实际原因。将两者混淆，极易导致一叶障目。

2. 无法聚焦事件的真实属性

问题（事件）是一个信息在大脑中呈现和表达的过程。一旦我们将事件与原因放在一起说，大脑在加工这个问题的时候就会产生理解上的偏差。在定义问题为"财务报销流程复杂导致客户满意度下降"时，我们究竟是要解决"财务报销流程复杂"的问题还是解决"客户满意度下降"的问题？如果我们要解决财务报销流程问题，那就需要从公司运营的角度去思考，提出更多关于财务报销流程的弊端的实例，并根据这些实例有针对性地解决财务流程的问题。这需要我们对整个公司的运营流程做进一步的调整和优化，而这样一来，不仅会加大我们的工作量，最终可能只会收获一点微不足道的成果。而如果我们将注意力集中在客户满意度下降这个事件上来，就会有更多的精力去处理客户满意度的问题。我们可能要建立客户沟通渠道，深化客户需求分析，了解客户业务等。这和之前的财务问题完全是两个方向，一个是对内，一个是对外。

所以，我们在去表述一个问题的时候，一定要明确地区分这到底是一个事件还是一个原因。那么怎样去判定两者的区别呢？

我建议从以下两个方面入手。

第一，从目标上分析。我们当初制定的目标是什么？现在所定义的这个问题和目标之间是否有直接的因果关系？也就是说，我们所提出的问题是否是导致目标变化的原因。以"财务报销流程复杂导致客户满意度下降"这个问题定义为例，我们的目标是截至 8 月底完成某项目的交付，并获得客户的认可。如果是这样的话，我们就会发现，虽然财务报销流程复杂与客户的认可有一点关系，但却不是强相关，而客户满意度下降与我们的目标却是强相关的。所以，由此判断，客户满意度下降才是问题所在。

第二，从内容上分析。一般而言，问题是在我们脑海中加工过的一组信息展示。在这个展示过程中，我们总是会习惯性地加上一些内容以对此信息进行修饰。这些修饰很多时候其实是我们主观判断的产物，是没有经过实际场景检验的。财务报销流程复杂是我们的主观判断，可能客户从来都没觉得我们的报销流程复杂，也可能其他公司的报销流程同样复杂，甚至比我们还复杂。而客户满意度下降，却是我们可以显而易见地观察到的现象，也是客户很容易展示出来的现象。

第三个原则：清晰原则

这个原则是指，我们在提出一个问题的时候，一定要把问题清楚地说明白。比如，我们经常会说："产品发布的速度不理想。"在这个表述中，"不理想"就不符合清晰原则了。到底多不理想？延期了一天还是一个月？

清晰原则要求我们至少做到三点。

1. 可量化

我们在描述一个问题的时候，应尽量将问题量化，因为只有量化的内容我们才能直观地去评估问题的严重性。对此，有人可能会提出一些异议，因为有些东西不一定是可以量化的，比如开心、悲伤、愤怒，这些情绪怎么量化呢？再比如，努力工作，这似乎也没有一个可以量化的标准。其实，我们所说的量化，是给事件一个评估，我们可以适当地忽略一些计量单位的因素，把一些很抽象的事物通过分值进行具体化的展示。比如，我们可以对努力程度量化打分，用 0 分表示最不努力，用10 分表示最努力，你觉得应该达到几分才可以呢？通过定义不同分值，我们可以很快得到答案。可以说，如果我们愿意，几乎所有的事物都可以用量化的方式去解决。

2. 做好关键里程碑

我们所说的清晰，其实是可以准确可见的。有时候，一个长远的目标、宏大的问题并不能够清晰地展示在我们面前。这时，我们要能够清楚地将一个大问题分解成若干可以去度量、量化的小问题，找出关键里程碑。我们用若干可衡量的小问题去评判最终的大问题，很多事情就迎刃而解了。

3. 表述清晰

这个概念其实很简单，就是我们在表述问题的时候，尽量做到老少皆宜。

（1）尽量用非专业术语来表述。在很多时候，一个问题的产生、分析、解决需要多个部门协同合作完成。而如果我们用了一些本行业的术语，那么其他部门的人理解起来可能会比较费劲，这时候除了增加解释成本之外，还可能让对方对问题的本质产生理解上的偏差，得不偿失。

（2）尽量用短句子进行表述。当一个句子过长的时候，势必会有很多的修饰语，而这些内容又往往会影响我们对句子核心意思的理解。所以，我们在表述一个问题的时候，尽量长话短说，画蛇添足的描述起不到任何实质性的作用。

第四个原则：对比原则

我们在表述一个问题的时候，应该明确地表达出现状和计划之间的差距。

比如我们经常说，"产品上市的周期是 12 周"，"产品的发布时间是 6 月 30 日"，"我们今年完成的利润是 500 万元"等。从严格意义上来说，这些都不是在表述问题，而是在表达抱怨。我们常说，"没有对比，就没有伤害"。我们和别人去沟通问题的时候，总会先入为主地认为别人都知道我们的计划和目标，既然对方知道，那我只需把结果告知即可。至于具体差了多少钱，差了多少时间，简单的加减运算不就搞定了吗？

而实际情况是，越是我们认为简单的东西，往往越容易出错。

所以，当我们对别人陈述问题的时候，一定要遵守问题的基本定义，即"问题就是实际达成目标与计划目标之间的差距"。我们要能够清晰、准确地描述出现状，也要清晰、准确地把目标值表达出来。这样，对方才能清楚地意识到问题的严重程度。计划完成利润 300 万元，实际完成 500 万元；计划完成利润 5 亿元，实际完成 500 万元；计划完成利润 550 万元，实际完成 500 万元。当我们在陈述问题时，把目标值明确说出来之后，这个问题的严重程度和被重视的程度就完全不一样了。

第五个原则：避免歧义原则

为什么有时候我们明明表达的是"白雪公主"，别人却理解成"可恶的巫婆"？一方面，可能是因为双方的语言频道有差异；另一方面，更主要的是我们在表述问题的时候经常会使用一些有歧义的表述，使对方对我们的表达产生歧义。下面我们一一列举。

1."可能"与"必须"

出于职业习惯，我们在表述一些问题的时候，往往会形成两种不同的风格，我们要么喜欢把问题说得比较含糊，以便给自己留下些许余地；要么喜欢把问题说得过于严厉，以便争取到更多的资源。

比如，销售部门经常会对研发部门说："我们必须在今年6月30日前完成新产品的升级，否则我们就没办法向客户交代了。"而研发部门则会说："我们可能在6月30日之前无法完成这个产品的升级。"所以，这时候我们要去评估这个问题到底是怎么样的。实际上销售部门的情况是，如果在6月30日前没有向客户交付新产品，客户可能会不满意。而研发部门的实际情况则是，他们必须要在 6 月 30 日前完成产品升级，因为 7 月 1 日他们要承接新项目了。表述风格不同，会给人不一样的感受。而我们在沟通的时候，应关注类似的词汇的使用。到底是绝对的还是相对的？到底是严格的还是宽松的？这对有些部门来说是非常重要的。对事物重要程度的表述不清，可能会导致其他部门配合力度不够，进而导致问题更加严重。

2. "或者" 与 "和"

"这个问题挺好办的，你去找王经理和李经理了解一下吧！"那么我们要去找的是一个人还是两个人呢？很简单的语法问题，"或"指的是二选一，"和"指的是全部都选择。可实际应用的时候，却总会搞混。我们自己可能很清楚，但接收方却是云里雾里。

3. "等等"

"我们今年在新市场开拓上面临的问题是渠道投入不够、人员水平差，等等。"当我们着手去解决这个问题的时候，是需要仅仅解决渠道投入不够和人员水平差这两个问题，还是有更多的问题要去解决？我们习惯用"等等"这类词汇作为我们对多个问题表达的结束语，而接收者却会迷惑，"等等"后边到底还有没有其他内容了？

4. "我""你""我们"与"你们"

"这个问题主要是我们和你们沟通不畅所导致的。"这里面，到底是谁和谁沟通不畅呢？有时候为了将问题的影响面扩大或者缩小，我们会将"我""我们""你""你们"等词汇混淆使用。而这所导致的结果将是责任不清或将团队的问题归结到单个人员头上。

5. "总是"与"有时候"

"客户总是提出一些不属于我们负责的工作内容。"我们在日常交流中，会习惯将对方的问题说得严重一些，以获取对方更多的关注和投入；而习惯将我们自己的问题说得轻松一些，以减轻我们的心理负担。这类表述也会引起很多不必要的困扰。如果客户只是一两次对我们提出一些工作要求，这类情况其实是很正常的，而如果客户一直这么做，问题可能就比较严重了。不同的表述，需要我们投入不同的资源和精力。

这些容易有歧义的问题表述方法并不是枯燥无聊的文字游戏，而是我在和他人沟通的过程中多次出现的问题表述的歧义点。我们总会以为我们说的就是对方听到的，可往往在这些说出的内容中夹杂着很容易使对方误解的词语，而这些词语会导致接收方对我们给出的信息产生错误的理解，进而执行了错误的方案。这些方案往往会导致我们工作成本的增加，甚至会产生几万元或几十万元的经济损失。

　　所以，我们在进行问题描述的时候，应对这些界定范围的词语多加关注，试着用更精确的词语表达我们的问题，这时我们会发现，一切就没有那么复杂了。

第六章
分析问题

当我们明确了要复盘的内容并找到了这项工作的问题，那么接下来我们要去分析的就是产生这个问题的原因。

分析原因是整个复盘过程中花费精力最多的环节，也是复盘的核心环节。

这一部分也是考量复盘催化师的一个重要环节。根据经验，参与复盘的员工很容易将这个环节变成"吐槽大会"和"推卸责任大会"；而将复盘的内容引导到正确的节奏上来，是复盘催化师需要深思的。同时，这个环节也将直接影响到我们后续的工作内容。

第一节　我们为什么要去分析问题

在复盘过程中，我们应该尤其关注分析问题这部分内容。在这个过程中，有两个问题是我们不得不去思考的。

1. 我们如何确保找出的原因是全面的

造成一个问题的原因有很多，有些是我们一眼就可以看得到的，有些却是隐藏在角落、需要我们深入思考的，甚至还有一些是需要别人给些帮助或提示，我们才可以找得到的。我们经常用盲人摸象来形容人们见识片面，不能全盘思考一个问题。我们就像那些盲人，都认为自己已经认识到了事物的全部。但不同点在于，在盲人摸象的故事中，有个耳聪目明之人告诉了大家正确的答案，而我们在实际分析问题的时候，却不可能有这样一个"智者"来告诉我们思考的内容是否全面。实际上，也不会有任何一个人能够自信地说自己可以知道问题的全部原因。

如何才能保证我们找出的原因是全面的呢？这就需要我们使用一些问题分析的专业工具，这样才能使我们尽可能多地从不同角度分析问题。

2. 我们如何确保找出的原因是问题的主要原因

这个问题和前边的问题是紧密相连的。当我们能够找出一

个问题产生的诸多原因时，怎样才能确定哪个才是问题发生的
最主要的原因呢？这需要分两步走。第一步，我们应尽可能多
地找出产生这个问题的原因，只有这样，我们才能在众多问题
原因的沙石中淘出核心的"真金"。第二步，当我们有了足够多
的数据之后，或许就可以轻易地发现产生这个问题的核心原因
了。如果依然无法找出主因，还可以找领域内的专家，大胆去
假设产生该问题的原因。

第二节　分析问题的工具之"鱼骨图"

我们需要特别谨慎地利用一些科学的分析工具来帮助我们
这些"局中人"全面且合理地分析我们遇到的问题。

郭士纳被称为全球最伟大的 CEO 之一，其主要功绩就在
于拯救 IBM 于危难之中。1993 年，当郭士纳这个技术门外汉
刚加盟 IBM 时，这家被视为美国象征之一的"巨象"正因机
构臃肿和孤立封闭的企业文化而面临"一只脚迈入坟墓"的危
机，亏损高达 160 亿美元，且面临着被拆分的危险。当郭士纳
在 2002 年底宣布退休时，IBM 的股价上涨了 10 倍，成为全球
最赚钱的公司之一。郭士纳不仅保持了 IBM 的完整性，还使它

成为 IT 服务的先锋。

在郭士纳拯救 IBM 的三大法宝中，有一个法宝是 ACT 团队变革模型。这个模型的最核心的部分则是关于问题分析和解决的一套工具。我们将借鉴这套工具并将其用于复盘最核心的原因分析之中。

接下来，我们将和大家一起将这个工具层层剥开，科学合理地运用它来为我们服务。

在 ACT 的整个模型中，有几个非常核心的工具，其中一个就是鱼骨图。鱼骨图是由日本管理大师石川馨先生发明的，所以又叫"石川图"。鱼骨图是一种发现问题的根本原因的方法，也可以称之为"因果图"。

鱼骨图清晰地表明了问题产生的各种原因，指出了影响问题解决的因素，使决策者对问题有整体的把握。

传统鱼骨图分为问题鱼骨图、原因鱼骨图和对策鱼骨图三类。问题鱼骨图可将某一问题细分成若干子问题供大家逐一探讨；原因鱼骨图可将某一问题或现象分解成若干方面（或方向），以供大家寻找原因；而对策鱼骨图可列举出要改善某一现状或达到某一目标可能所需的若干对策。鱼骨图能帮助我们回答"是什么导致某问题或现象的发生"和"用何种对策解决何种原因产生的问题"。鱼骨图作为一种辅助分析决策的工具，适用于各类问题的分析场景中。

下面，我们主要和大家分享两个内容：一个是为什么要画出鱼骨图（鱼骨图的好处），另一个是如何画出鱼骨图。

鱼骨图的好处

直观

人的思考过程是一个奇妙的过程。我们的思绪经常在脑海里四处乱窜，横冲直撞又反复纠缠，最后扭成一团乱麻。当我们表述一个问题的时候，经常会因为思维混乱而表达不清，自己都不知道自己在说什么，别人就更不清楚我们在说什么了。我们常常会听到有人抱怨"脑子里很乱，理不出头绪"，也正是这个原因导致的。其实，很多人的思考过程都是杂乱无章的，往往是"想一出，是一出"。想完之后，也很难形成有效的沉淀，更无法找到清晰的结论。而鱼骨图则能够将我们杂乱无章的思考内容捋顺并形象地展示出来，让"思考"这种抽象的符号转化为鱼骨图这样的具象图形。这样一来，就可以让我们的思考力变得更活跃，也更有理有据。

逻辑性强

鱼骨图的使用，除了可以帮我们把散乱的思维整合重组之外，更关键的一个好处在于使我们的逻辑思考力变强。我们在分析一个问题的时候，往往会从不同的角度来回地翻炒，这会将我们原本还算清晰的思路搅得模糊不清。而对鱼骨图大骨、中骨、小骨，加上孙骨的使用，可以让我们清晰地沿着一个问题进行深入思考。比如，当我们分析一个问题的时候，我们首先想到人的因素，那么在中骨上，我们就可以写出人，然后在小骨中深入思考所有和人相关的影响因素。这是一个非常清晰的总分结构。这种图形化的展示让我们的思考总能沿着一个固定的线路和逻辑进行。当然，我们在分析的时候，大骨可以按照"人机料法环""人事时地物"等维度分析，也可以按照整个工作的时间轴进行分析，比如工作前、工作中、工作后等。不管是哪一种维度，都可以让我们在一个非常清晰的逻辑层次下深入思考。

如何画鱼骨图

大体来说，画鱼骨图主要分为以下三步。

第一步，列出需要解决的问题，并将这个问题写在鱼头处。一般来说，只有在我们想对策的时候，才会把鱼头向左画，其他问题分析型和整理型鱼骨图的内容都是鱼头向右画的。我们在复盘中主要涉及的是问题分析型的内容，所以鱼头会向右。

第二步，召集同事共同讨论问题出现的可能原因，尽可能多地找出问题的原因。我们在讨论问题出现的原因时，会遵循很多种方法，比如人机料法环、人事时地物、5W1H 等。不管哪种维度，我们都应做到畅所欲言，也就是每个人都要积极地思考，并将思考的内容表达出来。这样，我们才能实现真正的集思广益。切记，不可以把这个环节变成某个人的表演秀，比如，某些领导非常积极地提出各种假设，洋洋洒洒说了一堆，别人都在随声附和或低头不语。其实这样就失去了共同讨论的意义了。

第三步，把相同的问题分组，在鱼骨上标出。我们在分析一个问题的原因时，大脑会比较发散，这时，我们一定要能够将发散的内容整合到鱼骨图中。如果一根中骨能够涵盖，那就罗列到一根中骨中；如果一根中骨不能涵盖，则单独再列出一根中骨，在此基础上做进一步的延伸。总之，将相同的内容进行分组。

现在，请拿出一张纸，想一想我们分析出的问题是什么。然后画出鱼骨，写出问题，开始尝试深入思考吧。

鱼骨图配合一些工具和方法来应用，效果会更好，比如人机料法环、人事时地物、5W1H、5Why、团队共创法、头脑风暴法等。接下来，我们将对每一个工具和方法进行深入的探讨，并将这些内容整合成一个丰满的鱼骨图，来帮助我们对问题进行深入分析。

第三节　分析问题的工具之 "人机料法环 2.0"

当我们画出鱼骨图后，接下来要做的就是把鱼的几个大骨填全。或者说，我们要去思考，在分析问题的时候，应该从哪几个维度思考会相对比较全面。我们可以用到很多分析问题的工具，比如人机料法环、人事时地物等。我们会将这些工具一一进行分析和说明，这一节，我们将给大家介绍人机料法环。

人机料法环和鱼骨图的关系就如西红柿和鸡蛋、番茄酱和薯条的关系一般，也就是我们提起一个事物，总让人不由自主地想起另一个事物。炒西红柿总是觉得和鸡蛋搭配最好吃，炸薯条不蘸点番茄酱，就觉得少了点什么。说起鱼骨图不讲人机料法环，这条"鱼"就只能是一条毫无生气的"死鱼"了。有了人机料法环才能让我们的鱼真正地成为遨游江湖的"锦鲤"。

人机料法环这个工具也叫"4M1E 管理法"，后来也有人新增加了测量的因素，称其为"人机料法环测"（5M1E）。这个工具主要被生产型企业用来做全面质量管理，用这几个要素来分析影响产品质量的要素。

下面是针对生产型企业"人机料法环"的定义。

人

人（Man）是指在整个生产过程中的各级工作人员，包括领导、班组长、操作工人等。在整个 4M1E 管理法中，人的因素往往也是最核心的因素。

机

"机"（Machine）指生产中所使用的设备、工具等辅助生产用具。生产中，设备是否正常运作、工具的好坏都是影响生产进度、产品质量的要素。

料

"料"（Material）指物料、半成品、配件、原料等产品用料。现在工业产品生产分工细化，一般有几种甚至几十种配件或部件是由几个部门同时运作的。当某一部件未完成时，整个产品都不能组装，造成装配工序停工待料。不论你在哪一个部门，你工作的结果都会影响到其他部门的生产运作。当然，你不能只顾自己部门的生产而忽略其后工序或其他相关工序的运作，因为企业运作是否良好是整体能否平衡运作的结果。

法

"法"（Method）指生产过程中所需遵循的规章制度，包括工艺指导书、标准工序指引、生产图纸、生产计划表、产品作业标准、检验标准、各种操作规程等。它们在这里的作用是及时准确地反映产品生产和产品质量的要求。

环

"环"（Environment）指工作环境。某些产品对环境的要求很高，组织应创造和管理符合产品要求所需的工作环境。

而我们今天提出的"人机料法环"是在之前的基础上，针对非生产制造型企业所做的一些大胆的尝试和改革，使之更加符合非生产型企业的运营要素。我们称之为"人机料法环2.0"。当然，前辈的经验是经过千锤百炼之后的精华总结，而我的大胆调整可能并不如前辈的完善，但也会为我们打开一个新的问题分析的窗口。而在我进行的多次复盘课程中，"人机料法环2.0"也受到了众多公司、部门、项目组同事的欢迎，随着大家不断地对该内容进行实践和完善，"人机料法环2.0"也会变得越来越成熟。下面，我们对新版本逐一进行解读。

人

这里的"人",指的是在整个问题发生过程中可能遇到和涉及的所有人,包括我们自己、我们的领导、我们的客户、我们的竞争对手。比如,我们公司今年业绩指标未完成,我们在分析原因的时候,第一个从人的角度分析,那我们就要去思考以下几个方面的问题

（1）我们自身存在哪些问题导致业绩没完成?是我们的工作技能不到位、工作状态低迷,还是我们对工作的理解与实际有出入?

（2）我们的领导做了什么决策导致业绩不达标?领导是否乱指挥,扮演了阻碍者的角色,导致项目周期延长,进而令客户不满意?

（3）我们的客户做了哪些阻碍工作正常进行的事?比如,不配合我们工作,或者临时增加工作量等。

（4）我们的竞争对手做了哪些动作,让我们损失惨重?比如抢标、恶意压价、安插"间谍"等。通过这些内容的分析,我们会更系统全面地了解到人的因素对我们整个工作产生了什么影响。

根据经验,人在整个问题分析过程中所占的比重是最大的,后边很多问题的分析最终都会或多或少地落实到人的层面上。所

以，在鱼骨图中，关于这部分的内容需要格外关注。我们在这里把人的情况再做进一步的细分，包括人的技能、人的态度、人所在的环境、人的意愿等。我们还是以公司未达到业绩目标为例，我们需要分析的是，究竟是销售人员的销售技能不够，对产品知识不够了解；还是销售人员偷懒，每天不认真工作等。

这是我们在复盘中关于问题分析的人的要素的分解。这样一来，我们就把一个看上去很大的问题进行了拆分。光是一个"人"的因素，我们就至少能从 12 个维度去分析某一事件结果产生的原因（如图 6-1 所示）。

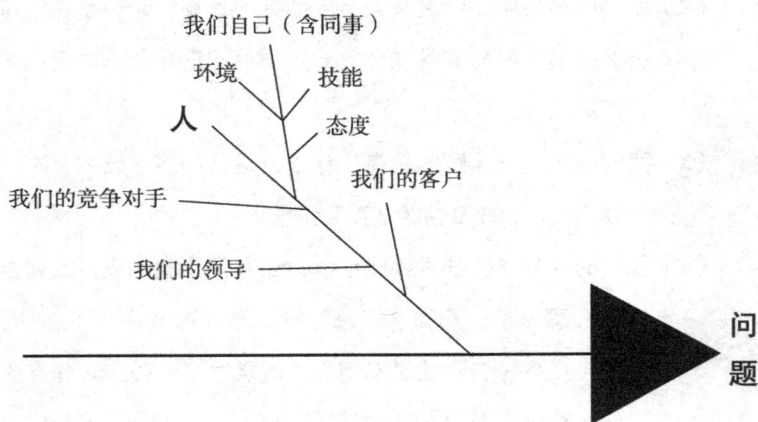

图 6-1 从"人"的维度来分析原因

机

传统的"机"是指操作用的机器和设备等。这里的"机"指的是我们工作的场地、设备、投入的人员状况等，也就是在整个工作过程中的资源支持及获取状况，包括部门和公司给予的资源支持与投放、各类资源的整合及利用情况等。比如，我们在分析某个项目延期的原因时，就可以从资源投入和整合的角度去思考，可能是因为公司给项目组配备的人员非常少，或者配备了过多的实习生和新员工等技术水平相对较差的员工来做这个项目；也有可能是我们在项目的执行过程中未能很好地整合公司其他部门的资源，比如财务部、技术部等。我们将这些都归为"机"的部分（如图 6-2 所示）。

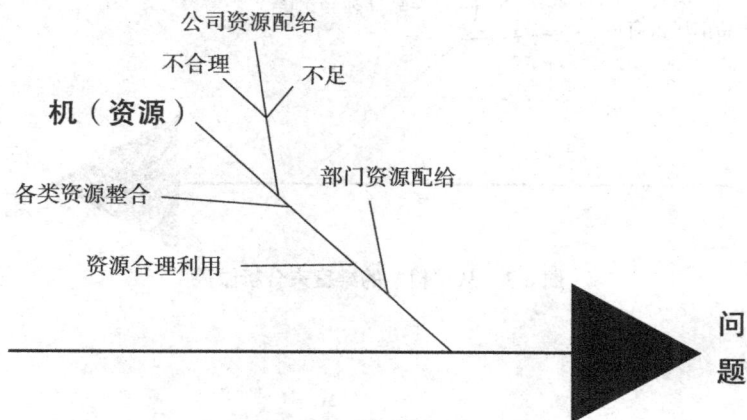

图 6-2 从"机"的维度来分析原因

料

传统的"料"指的是物料、半成品、配件、原料等产品用料。这些都是为了达成最终成果所需的物资。而在复盘中,达成最终成果需要的物资主要就是我们的产品了。所以,在复盘中,"料"指的是产品,不仅包括实物产品,也包括服务产品。总之,一切需要向市场、客户售卖的内容,我们都将其称为"产品"。我们可以从产品的质量、市场占有率、品牌知名度等维度进一步分析(如图 6-3 所示)。

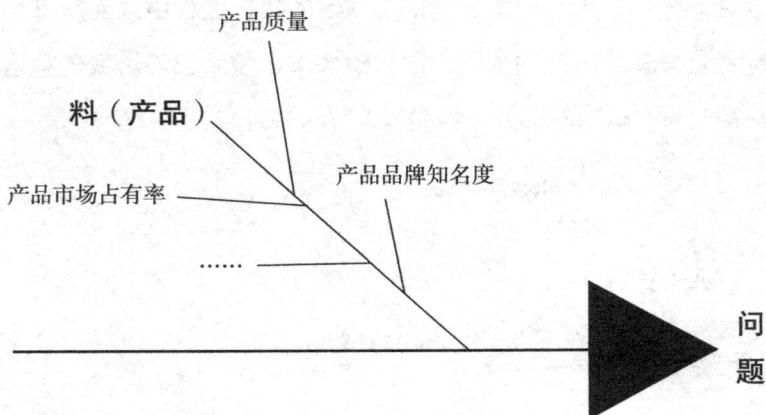

图 6-3 从"料"的维度来分析原因

法

"法"是指生产过程中所需遵循的规章制度,也包括一些工作方法。具体来看，"法"包括如下内容（如图 6-4 所示）。

（1）工作流程是否健全且合理？当我们的销售业绩未达标的时候，我们要去分析：我们是否建立了完善的销售漏斗，客户销售的全套流程是否是健全的，我们是否拥有一套不依赖于任何人的工作流程。

（2）管理制度是否健全合理？管理制度的作用在于当我们面临一些业务纠纷或流程不畅的时候，可以用制度这个强力武器进行疏通。比如，销售人员的过度承诺导致后续工作无法正常开展，客户非正常的工作量增加等。当我们需要与对方理论的时候，是否有坚强的制度做靠山？如果有，其实会少很多扯皮推诿的情况。

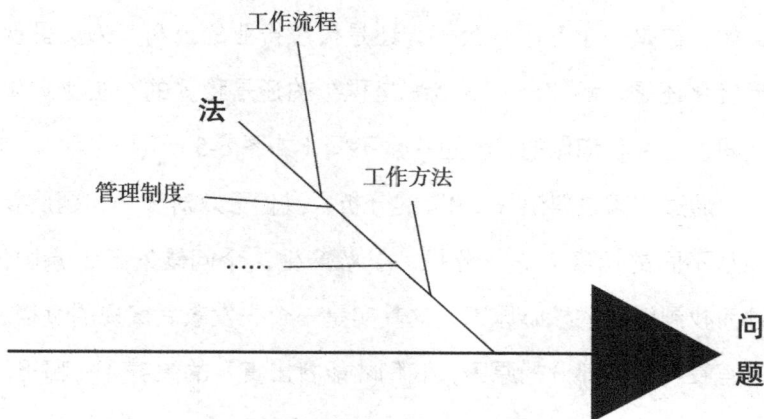

图 6-4　从 "法" 的维度分析原因

环

"环"指的也是环境。但这个环境和传统的人机料法环的环境稍有不同。我们这里指的并非产品适宜的环境，而是我们在进行一项工作的时候，面对的外部环境、客户环境和公司的内部环境。

外部环境是指整个市场所面临的大环境，比如宏观经济的周期性走势、国际政治变化，或者政府发布的行业规范、治理政策等。

客户环境是指我们在面对不同背景的客户时，所需运用的策略、方法甚至是服务的内容可能都要有所不同。

公司的内部环境是指企业内部的物质、文化环境的总和。比如，你是一家互联网公司，还是传统行业的公司？人员呈现年轻化还是老龄化？企业战略是积极的还是稳妥的？企业文化不同，需要我们做的工作也完全不同（如图 6-5 所示）。

通过"人机料法环 2.0"的分析，我们可以对一个问题反复地从不同的角度去深入分析，了解产生这个问题的各种原因，进而找到问题的核心原因。这其实是一个先发散后聚拢的过程。只有看到了大部分的原因，我们才能找出真正的关键点在哪里。

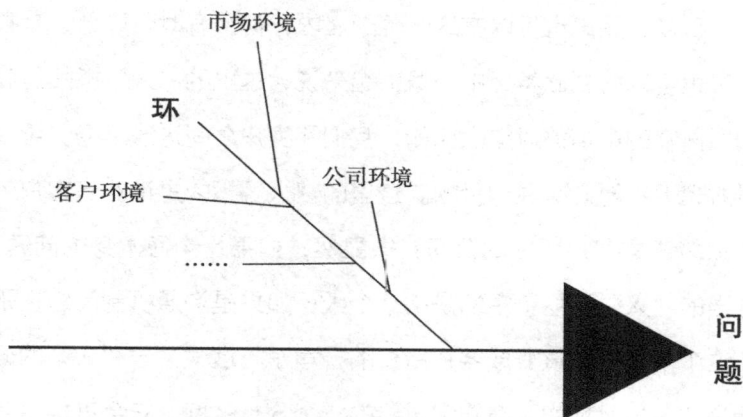

图6-5　从"环"的维度分析原因

第四节　分析问题的工具之"人事时地物"

实际上，"人机料法环"一般是针对生产质量分析（"人机料法环2.0"应用的范围更广一些），而"人事时地物"则更适用于管理问题的分析。下面我们就和大家一起探讨"人事时地物"的内容。

人

这里所说的"人"并不仅仅是我们常说的自然人，阿里巴巴、百度、腾讯也可以在这个范围之内，甚至有时财政部、警察局等也可以归到此类之中。概括起来说，这里的"人"指的是我们所面临的事情的对象。比如，我们和客户之间沟通不畅，导致对方迟迟不愿意给我们付款。这里的"人"指的是谁？是客户中的张总还是客户所在的公司？很显然，如果是沟通本身的问题，这里的"人"可能更多的是指某个人；如果是沟通机制问题，那么这个"人"就该变成客户所在的公司了。这里关于"人"的分析是"人事时地物"中非常重要的一个分析维度，它会直接将我们要去解决的目标锁定，就像打靶一样，我们要先看到靶心，才能确定采用什么姿势、使用什么枪去打这个靶心。

事

这里的"事"不仅是指发生了什么事，同时也包括这件事的性质，以及这件事本身所涵盖的事件群、可替代事件等内容。下面我们逐一来分析。

事件。这里主要指的是事件的内容。这首先要求我们能够把这件事说明白。说明白一件事是一件看似简单实际上却不简单的事情。一个快速、准确、明晰的描述是解决事件的核心要求。下面介绍两种快速把事件说清楚的方法。

第一种方法叫"输入—输出"句式。具体的句式是：如果你做了一个动作（输入），就能获得一个结果（输出）。比如，"我只要一和客户说打款的事情，客户就跟我说我们的服务水平不够好"。这就是典型的"输入—输出"句式。

第二种方法叫"二维定位泫"，这个方法我们用得也比较多，因为在很多时候，我们用一句话说不清楚的事，可能用一个大家熟悉的概念来形容，效果会好很多。比如，我们会说"我们要做中国的亚马逊""我们要成为软件行业的珠穆朗玛峰"等，都属于这种方法。

事件的性质。具体来说，就是我们要明确事件的重要程度，我们要能够清晰地描述和定义事件现在处在一个什么样的状态，其重要程度是"不重要、重要、非常重要"中的哪一种。很明显，我们要去优先分析重要的事件。当然，我们也可以根据实际情况，再加一个"紧急"选项，这样就可以将事件分成重要紧急、重要不紧急、不重要紧急、不重要不紧急四个象限。我们可根据自己的时间和精力，选择需要解决的事件就好了。

事件群。我们要对事件本身进行详细的分解，使其可以更加明确和具体。其实很多时候，我们所面临的一个复杂的事件是由很多简单的小事件组成的，我们需要将复杂事件分解成事件群，使之成为简单的小事件，这样分析起来就顺畅了。比如，客户满意度下降，这可能是由客户对产品认知度低、客户对我们的对接人员不满意、客户的老板对我们不满意等小事件构成的。这时候，如果我们从小事件着手进行分析，效果会更好。

时

这里的"时"指的是时间因素。时间因素就包括时间的跨度，也就是持续了多久。比如，我们在分析某个部门的员工离职率高的原因时，要去分析哪个时间段部门员工的离职率高。当然，我们也可以更详细地分析从什么时间开始离职率变高的，什么时候恢复正常的。比如，通过分析，我们发现每年的 3 月份离职率高。这时我们就可以进一步分析原因了，是 3 月份公司刚刚发完奖金，还是 3 月份刚刚过完年，或是其他什么原因。

地

这里的"地"和"人机料法环 2.0"中的"环"比较类似，都是指环境因素。但这里的"地"主要是指氛围、场域等相关因素。比如，离职率高的部门的整体的环境氛围怎么样？同事关系如何？上下级关系如何？领导风格如何？我们可以将这些内容都归入"地"的因素之中。

物

这和"人机料法环 2.0"中的"机"比较类似，指的都是资源。因为前面已有描述，这里我们就不再赘述了。

第五节　分析问题的工具之"5W1H"

前面我们分别介绍了"人机料法环"以及"人事时地物"这两种分析问题的方法，下面我们再介绍一个经常被用到的 5W1H 分析法。

5W1H 是在 1932 年由美国政治学家拉斯韦尔最早提出的一种传播模式，后经过人们不断运用和总结，逐渐形成了一套成熟的 5W1H 模式。

5W1H 分析法也被称为"六何分析法"，是一种思考方法，也可以说是一种创造技法，是从原因（Why）、事件（What）、环境（Where）、时间（When）、人（Who）、方法（How）六个方面对选定的工作或问题进行思考的方法。这种看似简单的一套问话和思考办法，起到的作用确实不容小觑。5W1H 分析法的提出，可以使我们的思考更深入、更全面，也更科学。

下面是 5W1H 所代表的含义。

Why——为什么做？

What——需要做什么工作？

Where——在哪里做？从哪里入手？

When——什么时间完成？什么时机最适宜？

Who——由谁来承担？由谁来完成？由谁来负责？相关人是谁？

How——如何提高效率？如何实施？用何种方法？

5W1H 分析法的应用

原因（Why）

当我们去分析一个问题的时候，最先应该审视的就是我们做一件事的出发点。从最开始的动因的角度去分析，问题产生的原因是否是因为我们忘记了为什么要做这件事。比如，某事业部 2017 年未完成的销售额为 800 万元。在复盘会上，有同事提出，本事业部已经连续三年处于未完成状态了，可奇怪的是，事业部的业绩指标却每年都在提高。2015 年，部门计划实现 2 000 万元销售额，实际完成 1 800 万元，有 200 万元未完成；2016 年，部门计划实现 2 200 万元销售额，实际完成 1 800 万元，有 400 万元未完成；2017 年，部门计划完成 2 500 万元销售额，实际完成 1 700 万元，有 800 万元未完成……

这并不是简单的数字展示，而是关系到员工切身利益的年终奖金的分配。由于连续三年未完成业绩指标，员工已经连续三年没有拿到年终奖了，所有人的工作状态都不是很好。当我们回过头来复盘的时候，竟然发现，事业部的销售额每年都呈停滞或下滑状态，而制定的业绩指标却仍在上升。这说明，该部门在制定每一年的业绩指标时，并没有考虑到上一年的实际完成情况，其业绩指标制定的动因和出发点是有问题的。

事件（What）

最终结果的达成并不是一下子就出现的，而是由众多事件组合而成的。在这些众多的事件中，有些事件对结果的影响很大，我们将这类事件称为"关键事件"。所以，我们在分析一个问题产生的原因时，需要对整个过程中对结果产生直接影响的事件进行单独分析。

如果公司的销售业绩未达标，我们在对其原因进行分析的时候，可以从关键事件入手。比如，在销售的攻坚时期，忽然有两个销售经理离职，并带走了公司两个非常重要的大客户。正是因为损失了两个大客户，才导致公司年度销售额未完成。这就是我们所说的关键事件了。

人（Who）

我们在分析一个问题或事件的原因时，人的因素是我们不得不去面对和考量的，包括我们自己、我们的客户、我们的领导等。总之，凡是和我们的工作相关的人员，我们都可以拿来分析。

企业的目标销售额未完成，原因是客户经理的工作不到位，还是竞争对手的手段太凌厉，或是客户对我们有成见？不管从哪个角度去看，我们都可以找到很多原因。

时间（When）

时间维度是我们在分析问题的时候需要特别关注的一个方面。时间总是稀缺和有限的，我们计划 30 天完成某个项目，而实际可能需要 60 天。当初对事件的预估不足应该就是一个非常重要的原因，其他原因包括研发延期的问题、销售的问题等。我们应该先从时间的维度去思考一下，当初制订这个工作计划的时候，时间安排是否合理。

环境（Where）

这里所说的环境和我们在"人机料法环 2.0"中所提到的环境基本类似。我们可以从部门环境、公司文化、客户类型等角度去分析某一问题产生的原因。比如针对国企的员工，我们不仅要处理好工作本身的问题，同时还要兼顾我们与客户之间的关系因素、政治因素、风险因素等方面的内容。不同的环境需要我们应对的方式是完全不一样的。

方法（How）

我们可以从工作方法入手去分析事件成功或失败的原因，具体可以对系统的工作流程、步骤、工具、技能、指导方案等维度一一进行分析。竞标失败了，是我们的竞标流程混乱导致客户对我们的专业度产生怀疑，还是我们不懂得投标的相关知识或不懂得如何良好地呈现我们的产品知识？抑或在整个过程中新人较多，缺少资深员工的工作指导？通过对方法维度的剖析，我们可以发现工作中的不足，进而可以通过培训、自我学习等方式快速提升工作方法，达成既定的工作目标。

第六节　分析问题的工具之 "5Why"

5Why 分析法，又称"五问法"，是探索问题原因的方法。对一个问题点连续以 5 个"为什么"来自问，直到问题的根源被确定下来。我们在应用此分析法时，可以不限定只做 5 个

"为什么"的探讨，而是必须找到真正的原因才停止。有时，我们可能只要 3 个"为什么"，有时也许要 10 个。

这种方法最初是由丰田佐吉提出的，后来，丰田公司在发展完善其制造方法论的过程中也采用了这一方法。作为丰田生产系统入门课程的内容，这种方法在丰田之外的公司已经得到了广泛的采用，并且现在"持续改善法""精益生产法"及"六西格玛法"也得到了采用。

由于丰田的推动，当发生质量问题时，多数日本汽车制造商都要求供应商采用三层 5Why 的方法来解决。一是从"制造"的角度分析，为什么会发生？二是从"检验"的角度分析，为什么没有发现？三是从"体系"或者"流程"的角度分析，为什么没有预防事故的措施？每个层面进行连续 5 个或者 N 个"为什么"的询问，直到得出最终结论。

五问法实际上是一种通过连续提问来确定问题发生的根本原因的方法。实际上，五问法已经成了丰田的重要管理法则。所有丰田的员工，不论是高管还是车间组长，抑或是普通员工，每个人都要熟练运用这个方法来解决问题。每个人遇到问题的时候，必须填写"五问法"的表单，对每一层提问都要给出相应的解决方法，并找到问题的根源。"五问法"的关键所在是鼓励解决问题的人努力避开主观的假设和逻辑陷阱，从结构着手，通过原因调查，沿着因果关系链条顺藤摸瓜，穿越不同的抽象层面，可以更深入、系统地挖出问题的根本原因，从而找出长期对策（如图 6-6 所示）。

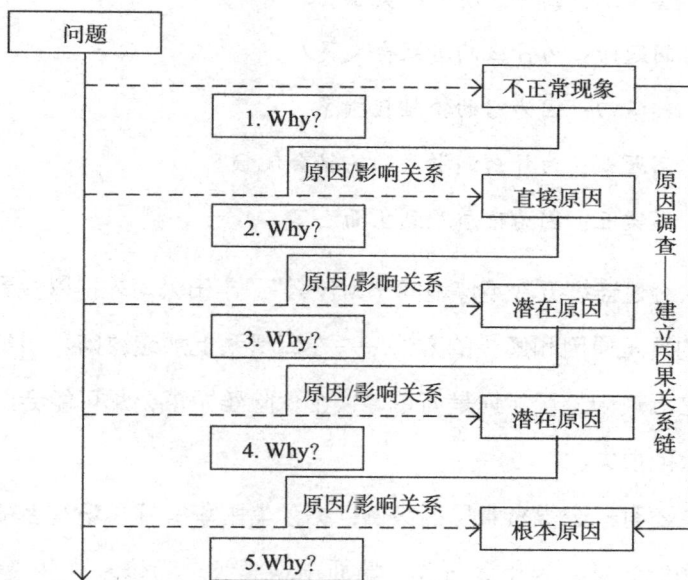

图 6-6　五问法的结构

五问法在被提出的时候，经常会附带着丰田公司前副社长大野耐一列举的经典场景。

问题一：为什么机器停了？

答案一：因为机器超载，保险丝烧断了。

问题二：为什么机器会超载？

答案二：因为轴承的润滑不足。

问题三：为什么轴承会润滑不足？

答案三：因为润滑泵失灵了。

问题四：为什么润滑泵会失灵？

答案四：因为它的轮轴耗损了。

问题五：为什么润滑泵的轮轴会耗损？

答案五：因为杂质跑到里面去了。

经过连续五次不停地问"为什么"，丰田公司才得以找到问题的真正原因和解决的方法——在润滑泵上加装滤网。如果没有这五连问，可能只是简单地换个保险丝了事，那可能会造成很大的损失。

还有一个很有意思的案例，据说美国华盛顿广场有名的杰斐逊纪念堂，因年深日久，墙面出现裂纹。为修复这些裂纹，政府已经花费了上百万美元的费用，结果却并不尽如人意。于是，为了保护好这幢建筑，有关专家进行了专门研讨。

最初大家认为，损害建筑物表面的元凶是有侵蚀性的酸雨。专家们进一步研究，却发现墙体遭到侵蚀的最直接的原因是每天冲洗墙壁所用的清洁剂对建筑物的酸蚀作用。

问题一：为什么每天要冲洗墙壁呢？

答案一：因为墙壁上每天都有大量的鸟粪。

问题二：为什么会有那么多鸟粪呢？

答案二：因为纪念堂周围住了很多燕子。

问题三：为什么会有那么多燕子呢？

答案三：因为墙上有很多燕子爱吃的蜘蛛。

问题四：为什么会有那么多蜘蛛呢？

答案四：因为大厦四周有蜘蛛喜欢吃的飞虫。

问题五：为什么有那么多飞虫？

答案五：因为飞虫在这里繁殖得特别快。

问题六：为什么飞虫在这里繁殖得特别快？

答案六：因为这里的尘埃最适宜飞虫繁殖。

问题七：为什么这里最适宜飞虫繁殖？

答案七：因为开着窗阳光充足，大量飞虫住在此处，超常繁殖。

由此发现解决问题的办法很简单，只要关上整幢建筑的窗帘即可解决政府花了几百万元都未能解决的问题。而这就是五问法的威力。

我们在复盘中使用五问法需要结合鱼骨图、人机料法环 2.0（或者人事时地物和 5W1H）来配套使用。当已经产生了问题，

复盘思维
用经验提升能力的有效方法

要对该问题进行原因分析的时候，我们可以通过连续对该原因进行设问，来找到问题的真正原因并加以解决。

它和传统五问法的不同点在于，我们这里是对某一个问题产生原因的不断设问，其着眼点在于我们自己解决问题，所以，这就要求我们不管发生任何问题，都应从我们自身解决问题的角度去思考，结论最终一定要落在个人可操作层面上。

比如，我们在分析项目延期这一问题的时候，其中一个主要原因是客户不配合，这时候，我们就需要对"客户不配合"这个原因做进一步的探究（如图 6-7 所示）。

客户不配合——（Why）觉得我们提供的产品不是他们想要的——（Why）我们只介绍了我们的产品，没关注客户的需求——（Why）在服务期间，我们没有随时了解客户的需求，缺少和客户高层的沟通——（Why）只关注做事了，同时也没有建立客户需求沟通的渠道

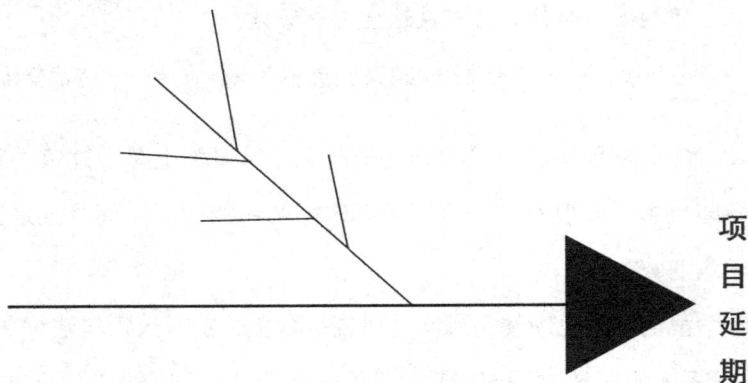

图 6-7　项目延期的原因分析

问题一：客户为什么不配合？

答案一：客户觉得我们提供的产品不是他们想要的。

问题二：为什么不是他们想要的呢？

答案二：我们只介绍了我们的产品，没关注客户的需求。

问题三：为什么没关注客户需求呢？

答案三：在服务期间，我们没有随时了解客户的需求，缺少和客户高层的沟通。

问题四：为什么缺少和客户高层的沟通呢？

答案四：我们只关注做事了，没有建立客户需求沟通的渠道。

通过4个连续的设问，我们发现，客户不满意的根本原因在于，我们没有建立客户需求的沟通渠道。我们在服务客户的时候，只是在不断地按照我们既定的流程去完成任务，而忽略了客户需求的重要性。那么接下来，我们要做的其实就是去建立一个客户沟通的机制。比如，在项目刚开始的时候，在项目关键里程碑的时候，在项目进入深水区的时候，在项目结束之前，都应该积极地和客户的相关负责人进行面对面的深度沟通，以确保我们能够及时、准确地了解对方的业务痛点和需求，进而用我们的产品特性与其需求进行匹配。这样就能够完美地解决以上的问题。

回过头来看，很多时候，我们自己的产品功能不全并不是客户不买账的根本原因，关键在于，我们能否把我们的产品功能和客户的需求相匹配。如果能够顺利匹配，那么客户的关注点就会从我们可以提供哪些功能转换到我们能不能满足其需求上来。这样一来，我们既可以省去很多的产品二次开发费用，也可以让客户对我们产生信赖，可谓一箭双雕。

由此可见，五问法并不是吹毛求疵的几个问题，而是确实可以帮助我们顺利解决问题的得力武器。

在实际使用五问法的时候，我们应该注意以下两个原则。

原则一：所有的分析最终都应该落到可操作的层面

我们有时候会抱怨客户的"无知"、政策的多变，甚至是老板的错误决策。毫无疑问，这些抱怨对我们不会有任何帮助。我们无法改变任何人，我们的抱怨也解决不了任何问题。我们唯一能做的，就是尝试着从我们自己的角度，运用自己的力量去扭转不受控制的问题的方向盘。我在进行复盘课程的时候，也会有很多人略带愤怒地说："怎么分析来分析去都是我们的错、都是我们有问题？！"

可我要说的是"欲戴王冠，必受其重"。既然我们选择了服务客户，既然我们选择了管理员工，那么我们就不得不去承受这些压力。公司聘用我们，并不仅仅是需要我们在顺风顺水的时候打江山，还需要我们在出现问题和困难的时候想主意。而后者更能体现我们的价值。

原则二：不会存在我们完全无能为力的局面

不可否认，有时候我们会面临一些想象不到的甚至是天崩地陷的状况，比如国家政策调整、客户需求临时变更，甚至可能是临时人员更替等导致原本比较顺利的工作出现了或大或小的问题。很多人在分析到这个层面的时候，扼腕叹息，并表示无能为力。实际上，我们一定要相信，不管多么严峻的环境，我们自己都或多或少有可操作的空间，所谓"尽人事，听天命"就是这个意思。至少我们要想一下，如何把可能的损失降到最低。

第七节　分析问题的工具之"团队共创法"

前面我们介绍了鱼骨图、人机料法环 2.0、人事时地物、5W1H 等分析方法，这些都是分析问题产生的原因的好工具。我们使用这些工具是为了拓宽思路，想出更多的解决办法。同时，我们也要注意，公司不是一两个积极分子的一言堂，我们应该收集更多人的智慧，这时候就需要用到团队共创法了。

团队共创法（Team Consensus Method）是由 ICA 研发并在全世界推广，用来促进团队达成共识的方法。团队共创法是融合了头脑风暴、德尔菲技术，加上全形（Gestalting）的概念而创新出来的团队共享方法，可以深度发掘团队成员的潜能，形成团队共识，凝聚向心力。

团队共创法可以在简单的主题上运用，也可以在复杂的主题上运用。简单的主题例如，某专案团队需要脑力激荡确定下周必须完成的任务有哪些；复杂的主题例如，公司需要改造策略规划流程。当然，我们将其用于复盘中对某一问题的集中研讨，效果也非常棒。

它是有效形成团队共识的方法，团队可通过此方法对任何主题达成某种程度的共识。由于团队成员参与了共识形成的过程，所以对于共识的落地就能不遗余力地执行。

从严格意义上来说，团队共创法共分为五个步骤。

第一步：聚焦主题

明确本次团队共识之旅需要回答的问题是什么，以及这个问题为什么那么重要。在复盘中，首先，我们在评估结果（找出问题）之后，通过鱼骨图结合人机料法环（或其他分析工具）来聚焦每一个枝干的主题。比如，我们要先从人的角度去思考，哪些和人有关的原因导致了今年销售业绩的下滑，或者销售业绩下滑和哪些人有关系，分别是怎样的关系，等等。然后，我们再从"机"（资源）的角度去分析销售业绩下滑与资源投入的关系，以此类推，直至几个因素全部分析完毕。最后，我们再去聚焦造成业绩下滑的主要原因。这个问题将迎来新的一轮讨论……

第二步：集体讨论

当我们将主题确定或者聚焦之后，就要去讨论问题的答案了。这个环节要求每个人都要认真地思考，并积极地提出自己的想法和意见。这个环节是非常耗时间的，主持人在这个过程中一方面要留出足够的时间给大家思考，同时也要把握好整个讨论的节奏。这里的讨论和头脑风暴略有不同。头脑风暴是大家聚在一起，谁想起什么好的主意就发言，这样做的好处在于可以形成快速思考的氛围。但根据经验，头脑风暴往往会导致某些积极分子不停地思考，而某些人却一言不发。积极分子的发言虽然看上去言之凿凿，但实际上并不一定站得住脚。这样一来，一方面，我们很难收集到每个人对这个问题的看法和意见；另一方面，讨论容易变成"谁的嗓门大，谁说的就对"的糟糕局面。所以，在团队共创法中，我们应要求每个人都把自己的想法说出来。方法很简单，每个人把自己的想法写在便笺纸上，每张便笺纸写一条，尽可能多地写出你对某一问题的看法。写完之后，每个人依次阐述自己的观点。这样一来，就可以最大限度地收集更多有价值的信息，这就是团队共创法区别于头脑风暴的地方。集体讨论的基本原则如下。

三不原则：不自谦、不批判、不阻拦

量多原则：数量越多越好

记录原则：所有的想法都需要记录下来

借力原则：可以在他人想法的基础上继续提出新的想法

平等原则：参会人员一律平等

第三步：分类排列

当每个人都提出了自己的想法之后，接下来就要对自己的想法进行阐述。同时，我们需要将同类型的想法进行合并。这个环节是用来梳理散乱的想法，以新视角发现不同想法之间的联系的。主持人会请参与者对卡片进行归类。如果遇到单张成列的卡片，就需要将其合并到其他列。同时，为了能够帮助参与者更好地记忆和思考，最终列数一般在 3 ~ 7 列。如果列数太少属于过度合并，会影响下一个步骤；如果列数太多会过于分散，不利于记忆。

把数据归类分组是个非常自然的过程，我们需要用理性思维和直觉思维两种形式进行归类。

这是一个需要参与者发挥创造力的过程，因为参与者要判断原来不曾看见的数据和问题间的关系。这种方法会赋予数据新的意义。

第四步：提取核心思想

这一环节的目的在于帮助参与者从一堆归好类的意见当中衍生出一个完整的新想法。在这个环节，主持人需要带领参与者去发现每列卡片共同表达的是什么，隐藏在不同想法背后的真正含义是什么，然后提取中心词。由于中心词是在此列想法的基础上产生的新想法，所以我们不能简单地从该列想法里找出一个能够涵盖其他想法的卡片作为中心词。

第五步：总结归纳

这一环节是把每列的新想法结构化的过程，通过创造出一个合适的图像来反映各列新想法之间的关系，确定在问题解决过程中不同新想法所起到的作用。图示化在团队共创中属于可选步骤，在不同的应用场景中，主持人可基于需要选择使用。

第八节　分析问题时经常遇到的问题

尽管我们在分析问题时可以使用几个非常好用的工具，但在缺乏催化师进一步引导的时候，仍然会出现以下几个问题。

习惯性地将原因归于外力

如同蛇不知道自己有毒一样，人也常常不知道自己有错。我们习惯看出别人的缺点，却很难看到自己的缺点。当发生一些问题的时候，我们总是能够快速、准确地找到别人的很多错误，比如响应不及时、做事拖沓、态度散漫等，可一旦我们去问"自己在这个过程中是否有问题"，很多人会陷入沉思。有些人经过认真思考之后，能够说出自己的一些问题；也有些人思考之后，说一些不痛不痒的小问题或大家都有的毛病敷衍了事。比如，"我在这个过程中，虽然已经做了很多努力，但对方依然不领情，下次我要更努力一些"。更有甚者，会忽然变得委屈甚至愤怒起来："我已经很努力地去做这个事情了，最终客户不配合，我能有什么办法？！"这其中当然有不愿意在别人面前暴露自己的问题和缺陷的原因，但同时也存在自我盲区。所谓自我盲区，就是当发生一个问题的时候，我们往往不能发现自己行为或思想上的一些问题，而这个问题在别人看来，可能已经非常明显了。

当面对这样的问题时，我建议从以下几个方面着手解决。

（1）从一开始就不断地暗示自己，复盘是一个痛苦的过程。在这个过程中，我们需要剖析自己，揭开自己的伤疤，让痛苦刺激我们成长。这是一个非常必要的暗示，当我们有了思想准备的时候，问题也就没那么复杂了。

（2）让领导起到积极的带头作用。榜样的力量是非常强大的，当有一个人能够率先站出来诚恳地说明自己的问题时，其他人很容易紧随其后。通过几次复盘的工作，我们欣喜地发现，绝大多数领导，甚至是公司的总经理，在这个时候都能够很勇敢地站出来，剖析自己的一些问题，而这将奠定整个复盘工作的基调。

（3）为学员打造一个轻松的氛围。这就要求我们从一开始就注意复盘环境的选择，我们应尽量选择一个比较封闭的教室，如果有条件，适当地做些教室的布置，桌布、条幅、音乐以及海报都能够让人变得轻松而愉悦。同时，催化师也要通过轻松的语言、适当的游戏来进一步烘托这种氛围。切记，一定不能过于上纲上线，我们复盘的目的是积攒能量、砥砺前行，而不是找谁的不痛快，也不是秋后算账。所以，我们要强调复盘和绩效考核无关。通过以上几种措施，我们能够在一定程度上减轻员工对自我剖析的恐慌，也更容易达到我们最终想要的效果。

将问题和解决方案混淆

我们在前边介绍问题定义的时候，也曾讲过类似的问题。我们习惯了做纵向的逻辑性思考，当出现一个问题的时候，很容易将问题的解决方案与问题的原因混淆。比如，"员工工作强度大导致其工作效率低下"看似是在积极地思考对策，实际上却限制了我们解决问题的思路。如果我们问"导致员工工作效率低下的原因是什么"，我们可能会想到很多原因，比如连续加班工作强度大、技能不够、工作流程不清晰等。但我们从一开始就说出了工作强度大导致效率低下之后，思路就会被干扰，然后就很难去深入思考了。

"口乃心之门户，口闭心沉。此处一静，万物皆景；此口一闭，万籁皆胜；此心一沉，万象可爱"。这段话的意思就是，我们说出的话，其实是内心想法的映射，一旦说出口，其实就输了；我们要在适当的时候"闭口"，所以说"此口一闭，万籁皆胜"。这里，我们说的闭口并不是完全不说，而是在适当的时候去说，这样其威力才更大。所以，当我们认真思考，仔细分析，终于分析出一个问题的原因时，切不可操之过急地把答案也顺便说出来，因为这会阻碍我们深入思考。

分析的原因过于宏观

我们分析问题的目的是解决问题。如果对问题的分析过于笼统，后续会感觉无从下手。比如，有位培训经理给自己公司的员工做人才培养方案，效果并不理想。在分析原因的时候，他说，"部门协调较为复杂，所以工作进度较慢"。其实他的意思是，在组织员工参加培训的时候，很难协调各个部门人员的时间（有的人今天有时间，有的人明天有时间），所以，在开展培训的时候总有人缺席。而他提出的部门协调困难，乍看起来确实是这个原因，可进一步思考，我们发现，部门协调这个工作过于庞大，实际解决起来非一日之功。而如果把这个问题定义为"很难统一员工的学习时间"，解决起来就相对容易很多。比如，通过直播、微课、周末培训，将大课分解成半小时左右的小课。大家聚一天比较困难，而聚半小时就相对容易很多。所以，当我们把问题缩小之后，就会有很多办法可想了，而这些办法在实际操作中并不十分费力。再比如，公司因财务报销流程复杂且时间很长，导致对客户的响应不及时，有人会将原因归为"公司制度混乱"，这就更难解决了。公司制度的变更是个系统的工作，需要全公司共同完成。这样的问题，虽然看上去是说对了，可实际上等于没说，莫不如将问题改为"客户等待的时间较长，导致其满意度下降"。这样一来，我们想出的方案就会相对容易实现一些，比如提前和客户打招呼，做好预防，将一些工作提前做等。

　　总之，在分析问题的时候，我们应尽量将解决方案引到我们的行为层面上来。基本句式是"因为……导致……"，这样我们就能聚焦在问题本身。当然，这并不是说对于公司制度不好、协调不顺畅等问题就不去解决了，如果这是一个非常共性的问题，我们就可以协同公司领导和人力资源部门一起，逐步对制度进行优化。

第七章
找到主因

　　通过鱼骨图的分析，我们清晰地认识到过往到底发生了什么，导致我们最终结果的产生。但接下来，一个很严峻的问题摆在了我们面前——我们通过鱼骨图、人机料法环 2.0 等方法分析出了几十个关于某一问题产生的原因，而我们的资金、人力有限，时间更是紧张，那么在这些原因中，到底哪个才是这个问题的主要原因（真正原因）呢？

　　下面介绍两个不错的方法：层次分析法和专家介入法（大胆假设、小心求证）。

　　层次分析法是应用数学运算的方法来推算出在诸多问题的原因中，到底哪个才是真正的原因。通过层次分析法（数学推演）固然可以较为科学地得出我们分析的各类原因中的核心原因，但这个方法操作起来比较复杂。而且总的来说，复盘是一项管理工作，它涉及公司的人和事、部门的人和事、客户的人和事，多方因素交织成一个无比复杂的关系网。层次分析法在这个过程中所分析的只是理论上的结果，而实际问题的产生原因可能还要依赖个人的分析。

这时候，我们推荐使用另外一个更简单的方法——大胆假设、小心求证。

"大胆假设、小心求证"，这个说法由来已久，最早是由胡适先生提出的。胡适在学术研究上非常注意方法论，他写了很多关于文学、历史、哲学、道德等方面的文章。他认为，这些内容虽然看似杂乱无章，但始终都在贯穿着一个方法论——"大胆假设、小心求证"。这也成了胡适先生治学的一个基本框架。

我们这里所说的"大胆假设、小心求证"和胡适先生所提的方法论的内涵基本一致，但具体操作手法略有不同。

胡适先生的"大胆假设、小心求证"，其理论基础源于教育学家杜威的"论思想的五步说"：（1）疑难的境地；（2）指定疑难之点究竟在什么地方；（3）假定种种解决疑难的方法；（4）把每种假定的结果一一想出来，看哪一个假定能够解决这个困难；（5）证实这种解决方案正确，或证明这种解决方案的谬误、不可行。

胡适把杜威的五步说加以归纳和发挥，他认为上述五步中的前两步只是为了引起第三步——假设，而后两步则是为了验证第三步。于是，胡适就把假设和求证从杜威的五步说中概括出来，认为它是研究问题的基本方法论，也就是所谓的"大胆假设、小心求证"。

第一节　大胆假设

为了便于操作，我们在复盘中将大胆假设的部分进一步简化，具体而言，就是直接找到与问题相关的、经验丰富的专家，由专家给出直观上初步的结论。比如，我们通过前边的鱼骨图、人机料法环 2.0 等一系列工具，将一个问题产生的原因做了非常详细的分析，可能分析出几十个原因。这时候，我们只需要找到一个在这个领域内的专家，将我们的目标、问题、分析过程进行详细阐述之后，由专家帮忙拍板：在这些原因之中，到底哪个或者哪几个是主要原因。这样就可以快速地缩小我们的查找范围，便于我们下一步的行动。

那么，什么样的专家才是我们复盘中需要的专家呢？这个专家是领导还是有多年经验的老员工？我们认为，行业专家应满足以下几个条件。

1. 知识丰富的员工

毫无疑问，知识存储量是选择企业内部专家时应该优先考虑的因素。第一，这里的知识是指员工对本领域内相关知识的掌握量，这些内容是员工通过多年的经验积累和自我学习成长而得来的。第二，这里的知识还指员工对本部门以及不同部门的整体认知程度。他最好是一专多能的人才，既要明白研发人员的工作职责，也要对产品部门的作业范围有所了解，同时还要对人力资源稍有涉猎。第三，如果这位员工曾任职于咨询公司或者第三方的服务公司，曾为很多企业做过相关问题的诊断的话，那么复盘的效果会更好。因为做过乙方，就势必会接触不少的公司和案例，眼界也会比较宽，能相对客观地给出一些问题的具体建议。当然，我们并不是说甲方的人员就比乙方的差，而是在复盘这个问题上，一个经验老到的乙方咨询师出身的员工的作用更大一些。

2. 经历项目较多的员工

在乙方咨询公司任过职的员工会经历不同公司的不同项目，

而我们所说的经历项目较多的员工指的是在本公司内参与的项目比较多。相比之下，前者见识的内容会更广，而后者见识的内容会更深，因为为自己公司做项目，不仅要设计方案，还要负责落地。

3. 绩效考核优秀的员工

做得多，不代表一定做得好。虽然有的员工做了 100 个项目，但每个项目都烂尾，都被投诉，这样的员工远远算不上专家。相比之下，踏踏实实地将 10 个项目做成功并且能够找到自己的方法论的员工才应被称为专家。所以，我们在选择专家的时候，对专家的成功经验的考量也是非常必要的。在企业内部，我们所说的成功经验指的就是绩效考核。总体而言，绩效考核还是能比较直接地反映一个人的业绩状况的。一个绩效考核为优的员工一定是掌握了一套行之有效的办法，对工作的投入度较高，对很多问题有着深入的认知。

4. 工作年限相对较长的员工

经验丰富不一定是专家，但专家大多是经验丰富之士。这里的经验是指相关的工作经验和在本公司的工作经验，两者缺一不可。如果他拥有在本公司多年的相关经验，那就更好了。

5. 教育水平相对较高的员工

我们并不是唯学历论，但不可否认的是，系统化的学校培养，其效果会优于自学。同时，拥有高学历的人在一定程度上也代表了其对问题的理解和认知能力相对较强。

以上这五个方面是我们筛选和评估内部专家的几个主要维度。这几个维度的重要程度也是逐级递减的，也就是说，第一个维度（知识丰富）在所有的要求中是最重要的，而学历和工作年限相较而言则是最不重要的。企业中有大把低学历高能力的干将，也有很多高学历却只会纸上谈兵的平庸之辈，同时，企业中既有很多技能平庸的老员工，也有大把的才华横溢的新面孔。我们如果只凭学历和工作年限去判断员工的专业程度，就显得过于武断了。

通过这五个维度的逐层筛选，我们找出来的专家就是真专家，而不是企业中的沽名钓誉之徒。

一旦找到专家人选，我们就要邀请专家加入到我们复盘的工作中来，将我们的整个流程（包括工作的背景、当初的目标、发现的问题点、分析出来的问题的原因）与专家进行详细的沟通，之后邀请专家对原因进行确认和说明。需要注意的是，应尽量将事件详细地告知专家，以帮助其判断，最好是邀请专家一起参与整个工作的复盘，这样做的效果是最好的。

第二节　小心求证

我们尊重专家的判断，因为专家有着丰富的行业经验和专业知识，但我们同样应保持怀疑的态度。一方面，因为专家并不曾亲自参与项目，他的判断也是基于他曾经做过的项目经验得来的。正如世界上没有两片完全相同的叶子一样，公司中也不会存在两个完全一致的项目，所以，专家以往的成功经验未必就对这次适用。另一方面，专家本身也会受制于决策的陷阱中，其本身的很多观点也具有一定的局限性。所以，我们也不能盲目地相信专家。专家在这里主要起到一个路引的作用，要发现真正的问题，还得需要我们自己去努力。所以，我们在征得专家意见之后，需要对专家给出的判断做详细的验证，这一过程，我们称之为"小心求证"。具体来说，共分如下两步。

第一步：通过各种方法证明专家的判断正确与否

当专家给出参考建议之后，我们首先应假设建议是正确的，然后通过各种方法在实际行为中去验证这一建议。具体方法包括以下三种。

第一种是问卷法。我们应找到问题的当事人，然后发一套调查问卷给他，以求证专家的判断是否正确。比如，某食品企业销售业绩下滑 30%，通过复盘分析以及咨询专家建议之后，我们认定其产品销售渠道过于单一导致产品的整体销售量不足。这时候，我们就需要找到两类人，一类人是公司内部的市场开拓人员，询问其渠道开拓的过程及结果，得出我们现在已经开拓的渠道类型及数额；另一类人是我们未成单的准客户，通过对准客户发放调查问卷，来获取他们对我们产品渠道的认知。比如，我们可以随机去超市找几个顾客进行问卷调查，了解他们是否听说过我们公司的产品，是否见过我们的产品。然后，再去酒店、购物中心等不同区域，分别进行问卷调查。通过搜集问卷，我们发现，我们公司的产品只在大型的超市有售，顾客也只能在沃尔玛、家乐福等一线超市看到我们公司产品的身影。通过发放 100 份问卷，最终有超过 80% 的准客户反映，很难在其他渠道见到我们的产品。由此我们可以断定，专家的判断是正确的。

我们在此不对具体设计问卷的方法做详细介绍，感兴趣的朋友可以自行查阅。现在网络十分发达，我们也大可不必自己顶着烈日酷暑或者寒风大雪出去找我们的目标客户，我们可以通过问卷网、调查派、集思吧等各种渠道将问卷发出去，省时省力，效果还好。关于问卷的制作，也有问卷星可以帮忙，总之，这个制作及发放调查问卷的过程看似烦琐，但只要用对了工具，稍微花些成本，还是很容易做到的。

第二种是访谈法。访谈法的步骤和问卷法基本一致，也是找到当事人，然后与其进行深入沟通。与问卷法更关注量的获取不同，访谈法更关注质的提升。访谈法的目标是精准的人群，需要我们与其详细地、深入地对某一问题进行探讨，进而挖掘出问题更深层次的原因。以食品企业销售业绩下滑为例，我们找到准客户之后，双方坐下来进行详细商谈，通过沟通，我们不仅了解到了产品渠道建设的问题，还可能同时了解到客户的实际需求、客户对产品的反馈等。总之，访谈可以让我们获得对某一问题更深入的了解。

第三种是观察法。所谓观察法就是我们先假设专家意见正确之后，随机选取几个不同类型的当事人，进行暗中观察。为什么要暗中观察呢？因为很多时候，人们都会有或多或少的自我保护意识。不管是我们做问卷调查，还是面对面的访谈，大家都会刻意地将自己不好的一面隐藏起来，充分展示优秀的一面，而这种夹杂着自我主观意愿的行为往往会给我们的调查带来很多不确定的因素。这时候，我们就需要运用观察法了。

我们还是以某食品企业销售业绩下滑为例，通过复盘分析以及专家建议之后，我们认定原因是产品销售渠道过于单一。这时候，我们就要去各类渠道走访一下，看看我们的产品是否有售，同时暗中观察准客户对我们产品的购买行为，最终确定专家意见正确与否。

通过问卷法、访谈法、观察法三种方法的运用，我们可以从各个侧面了解到我们的判断是否正确，所以我建议三种方法同时使用。

第二步：通过各种方法证明专家的判断在逻辑上是否正确

所谓的逻辑正确，主要指的是因果关系成立。因果关系即我们分析出的问题的原因是否和问题本身互为因果关系。因果关系是直接对应的强相关的关系，而不是间接对应的关系。

举例来说，公司上半年的某个项目延期了一个月，经过分析后，我们判定主要原因是客户对我们的工作不配合。这时候，我们就要去做一个因果关系的比对了，我们不妨用因果关系的句式来阐述，即"我们项目的延期是由客户对我们的工作不配合所导致的"。很显然，这个关系是不成立的，客户对我们工作的不配合只是一个发生了的现象，并不能够直接导致项目延期。实际上，客户对我们的工作不配合，直接导致的是我们推进工作的速度慢了很多。因为推进工作的速度变慢，所以我们的项目才会延期。由此可见，我们项目延期的原因应该是项目推进的速度慢，这才符合因果关系。这样的判断结果，我们认为在逻辑上是成立的。

通过大量的调研，我们能够在行为上确定专家的判断是否正确。通过因果关系的判断，我们可以从逻辑上确定专家的判断是否合理。双重验证之后，如果专家的意见依然成立，那么我们认为，我们就找到了问题产生的真正原因了。

第八章
制订计划

　　复盘是一个复杂的过程。回顾我们整个复盘的流程，我们会发现，前期主要是将简单的问题复杂化（问题分析的过程），后期又将复杂的问题简单化（专家大胆假设的过程），这一进一出，实际上增加了我们很多的工作量。这时候，有人可能会有疑问，这么做，是否是在故弄玄虚？我们是否可以直接找专家来判断问题的原因所在呢？答案自然是不可以。为什么呢？

　　正式解释之前，我们先引入两个新概念："态度（情感）、行为、认知（知识）"和"系统一与系统二"。

第一节　我们为什么不可以直接找专家

简单来说，我们学习以及认识外界的方法包括态度（情感）、行为、认知（知识）三个方面。在这三个因素中，态度（情感）和行为这两个要素是人们首先需要去调动的知识系统，也是丹尼尔·卡尼曼在《思考，快与慢》中提到的系统一的相关内容；而认知则是需要后期去整合、联想、判断的知识系统，是丹尼尔·卡尼曼在《思考，快与慢》中提到的系统二的相关内容。我们首先要去调动系统一的参与，然后再去调动系统二的参与，对方才会愿意参与到我们的行为中来。所以，复盘前期的问题分析实际是调动态度（情感）、行为方面的因素，也就是系统一的因素。只有调动了系统一（情感和行为），我们才能顺利进入系统二（认知），这时候专家的建议才更有效。

下面，我们来详细解释一下何为系统一和系统二。

系统一和系统二是由诺贝尔经济学奖获得者丹尼尔·卡尼曼在其集大成之作《思考，快与慢》中所提及的两个内容。

举个例子，当我们想西红柿搭配哪种食材会比较好吃的时候，很多人第一时间想到的就是鸡蛋；当有人在唱凤凰传奇的歌时，我们也会不自觉地跟着哼哼。这些行为在外界刺激和内在反应之间的时间非常短，对这种快速的反应过程，卡尼曼将其称为"系统一"。

系统一是人们依靠直觉且带有情绪化的快速思考或者反应。系统一让人们寻找并且相信自己所看见的一切，在随机的世界里记录一致性。但是它无法分析复杂的逻辑问题，也难以进行统计学的演算。比如，当我们被问到 34×43 的计算结果是多少的时候，我们可能需要用纸笔或者计算器来计算。这种在刺激和反应之间需要一定时间思考的反应过程，卡尼曼将其称为"系统二"。

系统二是具有逻辑思维且需要深入协调的慢速的思考。我们通常认为，绝大多数看法与决定的形成都来自经过深思熟虑的系统二。

系统一和系统二就如同存在于我们脑海中的两个水槽，两者彼此勾连且互相配合。系统一会为系统二提供直觉、喜恶、印象等信息，系统二根据这些信息来对某一事物做进一步的处理。比如，我们早晨下了地铁，看到旁边有个卖早餐的阿姨，阿姨干净利索，面带微笑，这时候，你觉得她卖的早餐应该会比较好吃，这是系统一在起作用。然后，你走进了早餐摊，看到干净的摊位、阿姨洁白的大褂，确定她做的早餐应该很卫生。然后，你又看到周围有卖包子的，有卖小米粥的，有卖鸡蛋灌饼的，还有卖油条的，这时你开始琢磨，"最近在减肥，不能吃得太油腻，但早餐还是要吃得丰盛一些"。于是，经过思考之后，你买了一份粥，又买了一个鸡蛋灌饼，嘱咐老板不要加葱和香菜，然后付款……这个思考过程就是系统二在起作用。

当然，系统一和系统二也有配合不当的时候，比如，我们明明很不喜欢某个人，可还要跟他热情地打招呼，推杯换盏，称兄道弟，因为这个人是我们的客户或利益相关人。这时候，尽管系统一高声疾呼讨厌、厌恶、不耐烦，但系统二仍然能够使我们谈笑风生、镇定自若地与之相处。

那么两者到底谁说了算？其实并无定论。两个水槽共享一份水资源（能量），当能量流入系统一多的时候，我们会遵从本心去办事，就是我们常说的随心而行，比如"世界那么大，我想去看看"。而当能量流入系统二多的时候，我们就按照规则和逻辑去办事，比如"参加特别不想参加的会议"。

在大多数情况下，或者说，在没有特殊的外界环境刺激的情况下，系统一会主导我们对某一事件的关注。比如，系统一会直观地告诉我们，某件事我们是不是喜欢、愿不愿意接受。这就像一道安检门，事物只有通过系统一这道门槛之后，才能和系统二见面，并得到系统二的支持和帮助。也就是说，在态

度（情感）、行为、认知三个要素中，我们首先要去满足的就是
态度（情感）和行为，这样我们才能真正地进入问题分析的核
心原因中去，进而找到解决问题的方案（如图 8-1 所示）。

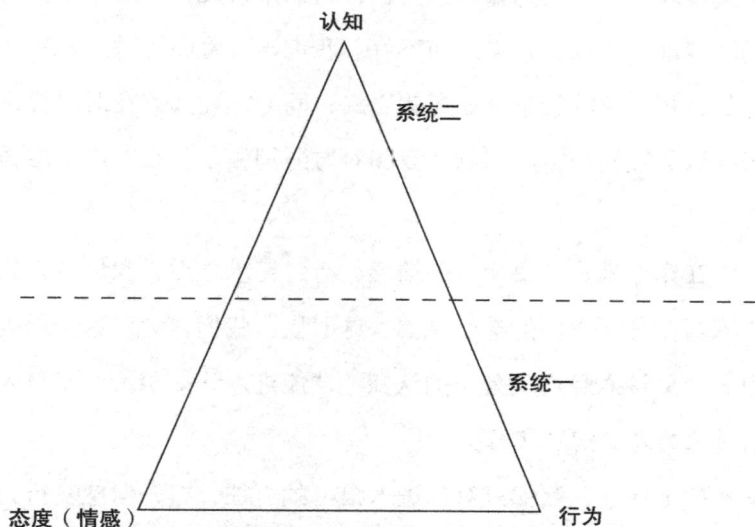

图 8-1　态度（情感）、行为、认知与系统一和系统二的关系

　　从我们复盘的角度来看，我们提出问题、分析问题的过程，
其实就是大家回忆过往、对过往进行分析的过程。虽然这个过
程看上去是一个非常理性的思考过程，但其实夹杂更多的还是
我们过往的经历以及各类情感的倾诉。比如，"我们的项目失败
了，是因为客户不配合，导致很多工作没有办法正常进行"。早

先，我在复盘课上一再要求大家，不要把问题归到别人身上，要善于发现自己的问题，要区分事件和原因之间的差别等，可还是有很多人执意要把原因归到客户身上。后来，我逐渐明白，这其实就是一个情感输出的过程，在这个阶段，如果一定要特别明确地去干预，效果反而不好。我们画鱼骨图，做人机料法环的分析，目的就是捋顺逻辑思路，同时，让大家在对以往进行回顾的过程中，回归到"我和对方分别做了什么"这个层面上来。

在充分满足了每个人的情感、行为需求之后，我们再去找专家帮忙分析事件的核心原因，这时候，我们才会对这个原因有一个更深入且客观公正的认知，才能进入认知阶段，发自内心地去思考、辨别和解决。

如上所述，我们只有在进入自己的过往，打开情感及行为需求，并且让这两个需求得到满足时，我们的思维才会进入真正的认知阶段，也就是问题分析阶段。这个阶段的重要性，甚至要高于我们最终得出的结果。如果我们一开始就找专家来答疑解惑，那么即使专家找到了核心原因，我们也会因其不是我们自己找到的而对其不太认可，所以达不到我们预期的效果。

在分析完问题之后，接下来我们要提出解决问题的策略了。

第二节 用水平思考法想出更多的
问题解决方案

首先，我们需要尽可能多地想出解决某一个问题的方案。然后，我们再通过一些方法将方案进行归类、合并，最大限度地确保解决方案的合理性和科学性。最后，我们从这些方案中选出最合理的方案。

那么接下来我们就要去思考，怎样才能想出更多的解决方案呢？

这取决于很多因素，比如我们过往的经验。毫无疑问，我们经历得越多，想到的主意或方案就越多。除了经验之外，解决方案的提出还与行业发展状况有关，也就是说，如果行业已经发展得足够成熟，类似的事件和问题已经被无数次地提出和总结，这时候，我们可以通过资料搜索找到很多的解决方案。但更主要的还是我们对某一问题的创新性的思考，我们的思考方式和技巧会决定我们制定某一个问题的解决方案的多与少。

爱德华·德·波诺博士发明了一种非常棒的思考方式——水平思考法，可以帮我们有效解决"如何想出更多方案"的困惑。

爱德华·德·波诺是一位天才，他 15 岁上大学，21 岁获得医生资格证，并作为罗兹奖学金的获得者进入牛津大学。他提出了思维机制的模型，并由此设计了思维程序的技巧，这项工作的灵感来自他在生理学方面的研究。

通常，我们认为只有脑子灵活的人才能想出更多的主意，但实际上这可以通过后天培养，甚至我们只需要一些简单的工具就可以"思如泉涌"，想出很多的主意，而打开丰富创意大门的钥匙就是爱德华·德·波诺所创造的水平思考法了。

我们先来看一个例子。某饮料企业的设计团队挖空心思思考"如何改进产品包装"，一直找不到很好的方案。后来，在一位思维训练师的指导下，大家进行了水平思考，在很短时间内找到了多个可选方案。

这位思维训练师手里拿着一副像扑克牌一样的牌，叫团队中的成员随意抽出一张，这位成员抽出的是印有蜡烛的牌。随后，思维训练师让大家围绕蜡烛进行联想，大家只花了3分钟的时间，很自然地罗列了蜡烛的一系列特征：圆柱体、发光发热、多种颜色、浪漫等。

接着，思维训练师引导大家把以上想到的蜡烛的特征与思考的主体"如何改进饮料的产品包装"结合起来，让蜡烛来帮助大家产生创意。很快，大家便产生了很多的创意：浪漫让大家想到开发一种情侣包装，即带有双头吸管的饮料，进而从情侣包装想到家庭包装；由圆柱体的外形想到带托的咖啡杯、红酒杯的包装；由发热想到开发带有夹层的外包装，冬季有自发热夹层给产品加热，夏季有自降温夹层给产品降温，以此来增加产品口感；由多种颜色想到随存储温度而变化颜色的包装，以及保质期渐近色柱就会变短的包装，以此来提醒商家和消费者注意产品的温度和保质期。

这就是水平思考法所激发的立竿见影的效果。上述关于改进饮料包装的方法是水平思考法中一个最简单的随机输入法。

随机输入法的步骤很简单。第一，随便找一个物体，这个物体可以是一辆自行车、一根蜡烛、一束玫瑰、一支笔、一个手机等；第二，找出这个随机选取的物体的一些特征；第三，将随机选取的物体的特征和需要思考的问题进行比对，问自己，这个特征对我们需要思考的问题来说有什么借鉴意义？这时候，源源不断的好主意就会涌现出来。

我们再来看一个很有意思的水平思考法——概念提取，即我们从最先想到的主意开始，提取出一些概念，然后沿着这些概念进一步扩展，从而产生更多的主意。例如，针对需要解决的焦点问题——"如何鼓励员工创新"，一开始有人提出了一个想法："用员工的名字冠名，来鼓励创新。"

在这个想法的基础上，我们可以思考这个想法背后的真正目的是什么，那就是让个人有成就感。这时候我们发现，用员工的名字冠名只是让个人有成就感的方法中的一个。

那么接下来，我们以"个人成就感"为固定点进行思考，又想出了多个主意：对公司创新有特殊贡献的员工，在公司特定产品上面印上其肖像，以示奖励；创立"公司名人堂"；奖励其作为"终身员工"；以其名字命名基金；奖励其为产品命名；奖励其与 CEO 共进晚餐等。

我们还可以提取更多的概念，再以这些新的概念为固定点，想出更多的新办法。

所以，总结起来，概念提取法的步骤是：

（1）想出一个初始问题的解决办法；

（2）当我们想出一个解决办法之后，我们要将这个办法重新定义，提取出一个核心概念；

（3）以提取出来的概念作为出发点，衍生出其他更多的办法。

通过两个非常容易操作的水平思考的工具，我们可以打开思路、想出多个解决问题的方案。那么接下来，我们就要将这些方案进行归类和整理了。

当我们想出一些解决方案之后，我们不是要把这些方案全部实施一遍，而是要选择用哪个方案来解决我们目前的问题。这需要我们做进一步筛选，才能确定最易操作、效果最好的解决方案。

第三节　用波士顿矩阵来筛选问题

在这里，我们需要借鉴一个广为人知的工具——波士顿矩阵。

波士顿矩阵又叫"BCG"矩阵、"四象限分析法"等。它是由波士顿咨询公司创始人、知名管理学家布鲁斯·亨德森于20世纪70年代开发的一种规划企业产品组合的方法。具体来说，他认为一般决定产品结构的基本因素有两个，即市场吸引力（市场增长率）和企业实力（相对市场份额）。以上两个因素相互作用，产生四种不同性质的产品类型（如图8-2所示）。

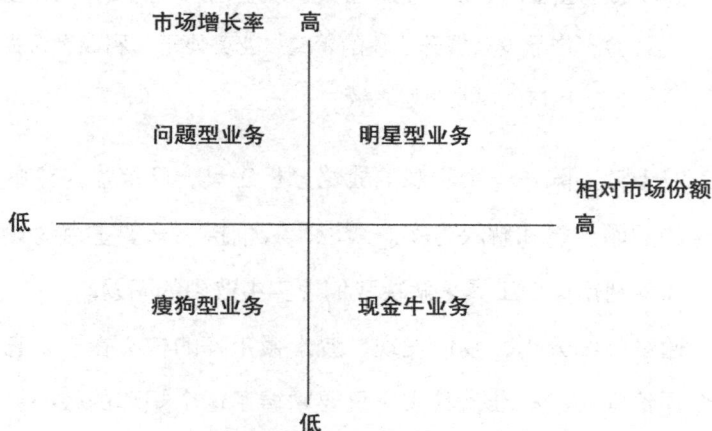

图 8-2　波士顿矩阵划分的产品类型

（1）**问题型业务**。处于这个领域的产品属于投机性产品，利润率可能很高，但是市场份额很小，未来需要更多的投资。同时，公司需要考虑是否发展该业务。如果采取增长型战略，目标就是扩大其市场份额，让其变成明星型业务。

（2）**明星型业务**。处于快速增长的市场，并占有支配地位的市场份额。也许会产生现金流，也许不会，这取决于公司对新产品的开发和资源投入。好项目需要采用增长型战略，未来可成为现金牛业务。

（3）**现金牛业务**。处于这个领域的产品能产生大量现金，支撑其他三个象限的业务，但是未来增长前景有限，需要采用稳定型战略。

（4）**瘦狗型业务**。既不能产生大量现金，也不需要投入大量现金，产品没有提升业绩的希望。业务处于微利或者亏损状态，应该采取收缩型战略。

波士顿矩阵是一个宏观的战略分析工具，而复盘讨论的是微观的问题分析和解决方案。所以，我们接下来要重点讨论的是，如何利用这个工具来解决我们现实中遇到的问题。

通过仔细分析，我们发现，波士顿矩阵的核心在于，它有两个评价问题的标准，其实，只要掌握了这个矩阵的核心，我们在很多领域都可以运用波士顿矩阵来寻求解决办法。方法很简单，首先，我们要找到一个事物的两个判断标准，并将其定义为 X 轴和 Y 轴。然后，将 X 轴和 Y 轴进行组合，轴的两端分别标记"大小""多少""好坏"等量词，这样四个象限就形成了。最后，根据四个象限的不同特性来对事物进行分类和系统思考，这时，我们的思路就会立刻变得清晰起来。

比如，在时间管理领域，著名管理学家史蒂芬·科维提出了四象限工作法。他将工作内容以紧急和重要两个维度进行划分，X 轴为紧急事件，Y 轴为重要事件，将我们可利用的时间进行了四象限划分，分别是重要紧急的事件、重要不紧急的事件、不重要不紧急的事件、不重要紧急的事件，然后，我们对四个象限的内容进行分析，就能很清晰地感知到，我们应该先去处理重要紧急的事件。

在解决问题的领域，IBM 采用的是一套"影响力和可执行度"相结合的矩阵，来对问题的解决方案进行整理和归类。下面我们来详细解说这个矩阵。

这个矩阵是将事件按照影响力和可执行度划分的（如图 8-3 所示）。

影响力大

可执行度低 ← → 可执行度高

影响力小

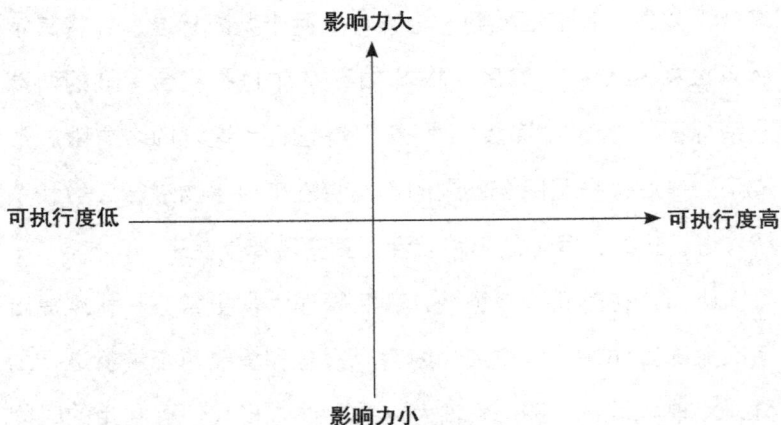

图 8-3　可执行度和影响力矩阵

第一象限，影响力大且可执行度高。也就是说，某个决策容易操作，而且对工作整体的影响力还非常大。我们将这样的决策称之为"高投资回报类决策 / 方案"。如果我们所有的决策都能达到这个象限，那简直就是完美了。我们举个例子。

某连锁餐饮品牌 Z 公司近几年发展迅猛，需要在全国各地开设大量的连锁机构，可选址这个问题却困扰了管理层很久。从理论上来说，这需要做大量的调研，可无疑会增加许多成本，而且也会耗费大量的时间。这时候，有人提出了一个方案："连锁餐饮业做得最好的自然是麦当劳了，麦当劳的选址都是经过一系列非常严格的评判标准和程序的，基本上，麦当劳选的一定是当地消费环境最好的地区。所以，我们与其花费大量的时间和精力去做调研，不如直接参考麦当劳的选择，它选哪，我们在它旁边建个餐馆就好了。"众人一致认为可行，于是此方案得以实施，果然效果超好。这个"在麦当劳旁边选址"的决策其实就是一个高投资回报类决策。类似的决策有很多，比如，如何自我学习，如何提升客户服务质量等。

第二象限，影响力大，但可执行度低。也就是说，这个事情做起来比较难，而一旦做好了，其效果却是非常好的。我们将这个象限称为"投资机会"。所谓的投资机会，就是指现阶段不能获得立竿见影的成效，但随着时间的推移，成效会越来越显著。我们还是以连锁餐馆选址为例，Z集团打算在大连开几家餐馆，通过大量调研发现，大连现在有一个人流量不是很多的地方，万达即将在此建立商业中心，而且，这块地将用来创建一个重要的体育场馆，Z集团认定这块地大有可为，于是大胆地在此建餐馆。在现实工作中，投资机会的决策也有很多，比如员工的职业生涯规划，公司管理体系的完善等。

第三象限，影响力小且可执行度低。也就是说，这件事做起来很难，收效也非常低。这个象限被我们称为"置之不理"。很多人认为我们的决策很少会在这个象限落脚，而实际上，我们也会不自觉地做出很多这个象限的决策，比如试图改变客户、召开无意义的会议等，这些就是我们应置之不理的决策。

第四象限，影响力小，但可执行度高。也就是说，这件事很容易做，但对工作整体的影响力小。这个象限我们将其称为"低垂的果实"。简单点说就是有一棵果树长了很多果实，其中很多在很高的位置，我们够不着；但也有一些果子就挂在比较低的位置，我们一伸手就能摘到，有点"唾手可得"的意思。对应到事情解决的层面上，我们可以理解为那种随手一做就可以完成的事，比如拉一个微信讨论群、给客户打个确认电话等。

划分好四象限之后，我们就可以根据自己现有的资源和信息，将我们想出来的各种解决方案进行归类，重点关注的自然是第一象限高投资回报的内容。而第二个要关注的是投资机会还是低垂的果实，就会出现分歧了。

我们建议，还是应优先关注第四个象限低垂的果实的内容。因为这部分内容虽然看上去收益并不是很大，但非常容易执行，是我们抬抬手就能快速搞定的。这类决策的实施有时候可以快速地给人以希望，虽然看上去这类决策起不到什么作用，但有时候恰恰是这些看上去没什么用却可以轻易实施的工作，会给我们原本困难重重的境况打开一扇窗，说不定还能收到意想不到的效果呢。

我们现在已经知道了到底发生了什么问题，并且想出了很多解决这个问题的方案，距离解决这个问题只差一个科学合理的工作计划了。之前的所有努力都是在思想层面的碰撞，而从这里开始，我们将一脚跨入实际操作的层面了。

随着互联网的兴起，近几年关于计划的制订出现了很多的质疑声，有不少人一直在宣称，公司的节奏太快，变化太多，根本来不及制订相关计划，制订计划没有用；或者有些公司号称，他们从不做月度以上的工作计划，最多会做到周计划，因为这个层面足够了。虽然工作节奏快，但实际上，远没到连个计划都不能做的地步。而我们一味地追求解决手头问题，会发现，越是这样越忙，越没时间，最终形成一个恶性循环。在PDCA工作循环中，计划作为第一件需要去做的事，其重要性毋庸置疑，计划做得越充分，D、C、A环节用的时间就越少，效率也就越高。相反，如果我们在 P 的部分投入得不够，而去做自认为"更有价值"的事情，效率反而越低。

假设我们用 8 小时可以完成某项工作，那么我们是用 1 小时做一个粗略的计划，然后用 7 小时去执行和完善这个工作呢，还是用 7 小时去做详细的计划，然后用 1 小时去快速实施完成？

两者其实都没有错，我们用 1 小时做计划，用剩余的时间来实施，这样做可以快速适应市场变化，及时发现问题并及时转向、调整。而我们用 7 小时做计划，却可以事先将可能遇到的问题全部预估出来，尽可能地去完善这项工作，这样工作起来会觉得很顺畅。

两者又都有各自的缺点。1 小时的粗略计划，看似在之后的 7 小时完成了，可实际上，由于来来回回地返工，项目所耗费的时间可能远远不止 7 小时，可能是 10 小时甚至更多，这无形中耗费了很多成本，所以完成的效果和质量均不理想。而花费 7 小时做的计划虽然看似天衣无缝，可过于呆板，缺少变通（虽然我们在详细的计划中可能考虑了变化因素，但毕竟外部环境的变化是无法完全预测到的），很可能会阻碍整个工作的进程。

第四节　根据原因，有针对性地制订计划

美国思想家 W. P. 弗洛斯特曾提出一条著名的弗洛斯特法则：在筑墙之前应该知道把什么圈出去，把什么圈进来。这条法则说明，如果我们一开始就明确发展的界限，知道要达到怎样的目的，最终就会随着目标前进，不会做出超越界限的事来。而工作计划作为管理的四大职能中的首要职能，就是在我们现在所处的地方和我们想要去的地方之间铺路搭桥。工作计划就是明确发展目标，界定发展方向，并能有效地减少重复和浪费。工作计划的制订与执行的好坏，往往可以决定一个项目的成功

和失败，因而工作计划的重要性就不言而喻了，我们可以从以下几方面理解。

指明方向，协调行动，提高工作效率

目前公司的工作状态主要分为两种形式：第一种是"等事做"，即等待上级安排工作，等待下属请示工作，出现意外时去补救工作，也叫"救火式"工作；第二种是"找事做"，不等领导安排，按照自己或部门的工作目标，提前制订工作计划，明确要做的工作，也叫"防火式"工作。

由于公司的经营处在一个动态变化的环境之中，因此，只有时刻明确公司的前进方向、位置和处境，时刻把注意力集中在正确的航向上，公司才能健康稳定地发展。

工作计划能指明工作方向，是公司上下协调行动的纲领。科学、合理的工作计划可以保证各部门的工作始终能有条不紊地进行。制订工作计划是我们积极工作的起点。

预测变化，少走弯路，化繁为简，化难为易

计划是面向未来的，虽然未来是未知的，存在诸多的不确定因素，但制订工作计划是对项目进行剖析的过程，我们在这

个过程中可以找到各项工作推进的方法；把复杂的项目按照步骤、分工进行拆解，就会更快达到工作目标；对将要进行的工作进行步骤预测、时间预测、分工预测、资料预测；将一些意料之外的不可控因素转化成意料之中的可控因素，并制定出相应的对策和紧急预案；在必要时，对工作计划进行调整，变被动为主动，化不利为有利，从而减少各种变化所带来的冲击。

分清轻重缓急，使工作处于受控状态

工作计划不单是罗列工作事项，同时也是一次时间资源和人力资源的整体分配和控制。工作事项可以分为"重要且紧急、重要不紧急、紧急不重要、不重要不紧急"四种类型，我们可根据这四种情况分配相应的时间资源和人力资源，这样就可以游刃有余地处理每件事。

要保证公司目标的实现，必须使各项工作都得到有效的控制。计划和控制是一个事物的两个方面，计划是控制的基础，控制是计划得以有效贯彻的保证。有效制订工作计划将使各项工作处在可控范围内，有利于公司的稳步发展。

对于一个不断发展壮大、人员不断增加的部门来说，制订合理的计划显得尤为迫切。

我们的工作往往是无形的。如果我们不做计划，谁都不知道别人在做什么，平级之间不知道，上下级之间也不知道，这时候问题必然会发生。所以我们需要通过工作计划，把我们的工作化无形为有形。

从具体的操作层面来说，做计划一定要遵循 5W1H 原则。我们在做计划时所遵循的 5W1H 原则和在分析问题时所遵循的 5W1H 原则有不少差别，具体如下。

- 做什么（What），即明确所要进行的工作活动的内容及其要求。只有做好前期准备，明确工作目标，才可以在工作投入的过程中不浪费必要的时间和精力，提高工作效率。

- 为什么做（Why），即明确工作计划的原因和目的，并论证其可行性。并且，只有把"要我做"转变为"我要做"，才能充分发挥员工的积极性和创造性，才能使员工为实现预期目标而努力。

- 何时做（When），即规定工作计划中各项任务的开始和完成时间，也就是对工作进度的管控，以便进行有效的控制和对能力、资源进行平衡、评估。

- 何地做（Where），即规定工作计划的实施地点和场所，了解工作计划实施的环境条件和限制，以便更合理地安排工作计划实施的空间。

- 谁去做（Who），即规定有哪些部门和人员去组织和实施工作计划。例如，一个物业服务项目的承接，从前期物业服务项目策划到后期接管，这项工作划分为前期物业服务项目策划、投标文件制作、前期物业服务介入等阶段，在工作计划中要明确规定每个阶段的责任部门和协助配合部门、责任人和协作人，还要规定由哪些部门和人员参加鉴定和审核等。

- 如何做（How），即规定工作计划的措施、流程以及相应的政策支持来对公司资源进行合理调配，对各种派生计划进行综合平衡等。

通过 5W1H 的描述，我们基本可以确定制订计划的时候所考虑的问题是否全面。而且，这样做出的计划别人也更容易理解和执行。

工作计划不是写出来的，而是做出来的。计划的内容远比形式重要。

我们拒绝华丽的辞藻，欢迎实实在在的内容。简单、清楚、可操作是工作计划要达到的基本要求。

此外，一个完整的工作计划还应该包括各项控制标准，即考核指标等内容，要使计划执行的部门和人员知道，达到什么水平才算是成功完成了工作计划。

工作计划的目的就是执行。执行并非只是执行人员的事情。执行不力或者无法执行，都跟计划有很大关系。如果一开始我们不了解现实情况，没有去做足够的调查和了解，那么这个计划先天就会给其后的执行埋下隐患。所以，我们的计划能不能真正得到贯彻执行，不仅仅是执行人员的问题，也是写计划的人的问题。我们在制订计划和执行计划时，应注意如下几个问题。

- 根据企业实际情况做出的计划才会被很好地执行。
- 定期公开计划的执行情况，及时复盘。这样做的目的有两个：其一，通过每个人的智慧检查方案的可行性；其二，部门的工作难免会涉及其他部门，通过讨论赢得上级支持和同级其他部门的协作。
- 工作计划应该是可以调整的。当工作计划的执行偏离或违背了我们的目的时，需要对其做出调整，不能为了计划而计划。
- 在工作计划的执行过程中，要经常跟踪检查执行情况和进度，若发现问题，立即解决。

复盘思维

用经验提升能力的有效方法

本篇总结

　　第二篇的五章内容，是本书的核心内容，系统地介绍了应该怎么做复盘。

　　我们采用的是联想公司的四步法模型，也就是回顾目标、评估结果、分析原因、总结经验这四步，每一步都很好理解。但这里需要说明一下，每个看似简单的行为背后，其实都有着复杂的方法论来支撑。那么复盘到底是该繁还是该简？这需要依照实际情况而定。就个人日常行为而言，我们认为应尽量做到"简"，原因有三个：第一，自己的事情自己最清楚，我们在复盘的时候会不自觉地把个人的性格因素、能力因素、环境因素等进行统一；第二，个人复盘的主线比较清晰，涉及的人和事也相对单一；第三，简单的内容操作起来会更简便，见效更快，会起到激励作用，便于我们形成复盘习惯。如果每次复盘都要好几个小时，即便效果显著，也不会有多少人能坚持去做。所以，我们应该简单地做个人复盘，少用些工具，少走些流程，这样效果才会更好。

　　但对组织而言则不同，组织涉及的是多人多事的纵横交错，且信息存在很多的不透明和不确定性，每个人大多数时间都只关注自己的"一亩三分地"，所以，很难了解到问题的全貌。这时候，我们就要严格遵循流程和方法，去还原事件的真实本质，去发现问题的真正原因。所以，我们在本篇详细介绍了目标、结果、原因和计划每一个步骤的内容，希望能够给读者以启发，进而更好地通过复盘达到组织绩效的提升和个人能力的进阶。

　　下一篇，我们将详细介绍作为一个复盘活动的主持人（催化师），应做些什么。

第三篇

复盘催化师与
复盘工具

第九章
复盘催化师

第一节　复盘催化师的角色

在整个复盘的过程中，主角自然是参加复盘的员工及领导，但也有一个幕后的英雄——催化师。催化师在整个复盘过程中承担着主持人、场域引导者、顾问三种角色。

主持人

催化师在这一角色中主要承担整个复盘会议的开场、内容介绍、活动组织等工作。同时，主持人也承担着会议的组织工作，包括控制整体进度及时间安排等。尤其是关于时间的把控，很多人一旦谈起过往便会滔滔不绝，主持人应及时打断，但也要注意发言人的情绪，既不能损害其积极性，又不能使其影响整个会议的进度。

有人说，主持人就像乐团的指挥，这话诚然不假。一个乐团的指挥者会根据现场的各种因素去适当地调整演奏的进度，是一个乐团的灵魂人物。但我们也应看到，两者有着很多不同之处。主要的不同就在于，指挥家的角色比较单一，而主持人这个角色却要满足一个复合型人员的素质要求。在会议中，主持人不但要让参会人员了解信息的内容，而且要避免他们对主题和内容产生误解。所以，主持人应清晰、准确地将各种内容和要求表述出来，这时，主持人的角色就偏重于解说者了。而有时候，大家对复盘的理解和认知有限，甚至因为对一些基础知识的不理解而无法正常开展复盘项目，所以主持人要承担内容讲解、答疑、带领大家熟悉整体复盘流程等工作，这时，主持人的角色就再次变为培训师了。当然，有时，主持人也要承担裁判的角色，尤其是在参会人员争论不休的时候，主持人要适当站出来，对大家的观点进行分析、总结、提炼，然后给定一个双方都能接受并信服的结论。我们这里所说的裁判并不是指出谁对谁错，而是将问题进行最终确认。

场域引导者

　　复盘的成功与否，关键取决于催化师在整个过程中的场域引导能力。催化师要有能力去制造现场氛围，该情绪高涨的时候要热情似火，该深刻反思的时候要沉着冷静。这些都需要催化师通过活动、语言、肢体动作、表述内容等不同的手段进行深入引导。尤其是当有些人习惯性地将复盘变成吐槽大会时，如果催化师引导不利，会让所有人瞬间丧失探讨的热情。比如，有一次我主持一场复盘会，当谈到项目进度缓慢的原因时，一位员工说道："客户特别矫情，要我们干这个干那个，稍微不满意就各种吐槽，把大家当伙计一样使唤，这导致我们无法如期完成项目，项目组成员也都怨声载道。"说到这个话题的时候，几乎所有参加复盘的员工都一脸认同，马上就有另外一个员工站起来痛诉客户的各种不靠谱，于是一个自我反思大会就快要变成批判客户的大会了。在第二个员工说完之后，我对其所述的内容表示了理解，并且介绍了一个我曾经接触过的不靠谱的客户的案例，谈了我对此问题的看法：虽然有些客户不可理喻，但我们个人的行为也存在着很多不足，也需要做出一些改变那些使我们痛苦的事情反而会使我们变得强大起来。我们无力去改变对方，能改变的只有我们自己，包括我们的能力、我们对他人的看法。在介绍完案例后，我随即抛出问题——在座的各位此时此刻能改变的是什么呢？我巧妙地运用了"先跟后带"的技巧，将大家的关注点重新拉回到自我复盘上，而不是吐槽。这就是引导的力量。

顾问

催化师并不一定是业务专家，但一定要成为复盘流程专家，同时对领导力有一定的认知。其实，从宏观上来看，复盘也是一种管理方式和手段。当员工探讨的问题的方向出现偏差时，催化师应及时给予纠正。比如，有一位员工在复盘一个延期的项目时谈到，项目之所以延期严重，是因为有员工在项目进行中离职了，导致项目团队人员减少。于是大家就争相开始讨论如何减少人员的离职，提了很多意见和想法，比如加大福利、增加人文关怀、加强沟通等。在讨论过程中，催化师忽然意识到，这并不是一个人员如何保留的问题，而应该是一个人才梯队建设的问题——为什么有人离开了，项目就会因此而严重延期？为什么没有人可以快速地接手离职者的工作？离职很正常，可离职后没人快速顶替才不正常。催化师发现问题之后，及时打断了大家的谈话，并巧妙地将问题引向"为什么有人走了，却无人顶替"。这时候，领导们开始反思，他们没有对新人进行培养，而是任其自我成长，这样就很难把控人才的成长进度，导致替补不到位。于是，大家立刻从"如何减少人员离职"的讨论转到了"如何培养人才"上来。所以，一个催化师不仅要懂复盘流程，也要懂管理，更要懂引导技术。

当然，催化师需要扮演的角色远不止这些，但以上三个角色是一名催化师应扮演的基础角色。

第二节　复盘催化师的工作方法

催化师如何成功主持一场复盘会呢？简单来说，我们认为应该从复盘前、复盘中、复盘后三个角度去考虑。

复盘前

在复盘前，催化师要做好三方面的准备，即心理准备、行为准备、组织准备。

从心理准备上来说，一方面，催化师要意识到每次复盘都是一次揭开员工伤疤的过程，每个人都不愿意当着别人的面承认自己的不足，所以诸如撒谎、逃避、避重就轻，甚至对催化师恶言相向等行为和情绪的发生都是可以理解的。催化师要做好相关准备，并从内心深处表示理解。另一方面，员工作为成年人，都有着固化了的认知，对某一事物的看法很难快速转变，这时候就要求催化师在不影响整体大方向的前提下，做好接受不同思想的准备。其实这件事做起来也很简单，那就是不判断、不评论，而是引导大家的力量共同解决问题。

从行为准备上来说，复盘之前要做的工作还是很多的。我们要确定复盘的目的、主题及参与者。复盘不同于其他的课程或者工作坊行动学习，其本身要求有非常明确的结果导向。这个活动一定要有部门负责人或者业务负责人全程参与才有意义，否则即便大家在现场讨论出一堆的对策，最后领导不同意实施，那么全部辛苦也就付之东流了。所以，从复盘一开始，负责人就必须全程参与。除了负责人必须参加外，所有相关人员最好全部参加，包括人力资源等职能部门。如确实无法悉数到场，每个小业务模块的主要负责人也必须要参加。鼓励全员参与的目的有两个：一是提升主人翁意识，使员工更加积极主动地工作；二是每一项工作的成功或失败都是由很多因素构成的，只有全员参与讨论，才能把大多数的原因挖掘出来，这样才能确保复盘的准确性。如有必要，也可以适当地邀请客户进来一起讨论，但这样做也会有不少风险，我们很可能会因问题的暴露而失去与对方合作的机会，所以需要谨慎。

从组织准备上来说，因为复盘是一个严肃的组织活动，所以，所有参会人员应以一种严肃的态度去对待。在复盘前，我们应将复盘的时间、地点进行认真确认。"工作阵地"是最好的复盘场所，可以让我们触景生情地想到更多的问题；或者，一个独立的会议室也不错。但选择地点时，我们需要注意以下几个关键事项。

（1）环境必须是封闭式的，至少能保证在我们讨论的时候，声音不会很轻易地传到外边。也就是说，我们应尽量营造一个有安全感的环境。

（2）尽量营造一种轻松、愉悦的氛围。我们可以事先准备一些零食、水果、咖啡让大家轻松地表达想法。

（3）务必事先预约好复盘地点，而不是临时寻找。

（4）除了地点之外，时间也是一个很关键的要素。我们应事先和每位参会人员约定好具体的时间，以确保大家都能顺利参加，同时也可以使大家对这个活动有所期待和准备。

复盘是对过往事件进行分析，所以，在必要的时候，我们可以请参会人员准备些资料。准备资料的方式可以是催化师与负责人商量，列出准备清单，也可以提前发一些复盘的作业，让大家完成。这样做可以让催化师提前了解大家的工作内容和主要项目，在复盘会上更加有的放矢。

复盘前我们要做好心理准备、行为准备、组织准备。这些内容准备得越充分，复盘的效果就会越好。反之，有些看似不经意的小失误，可能就会让复盘变成一场无意义的争论，非但起不到好的效果，还会起到反作用。

复盘过程中

在复盘过程中，催化师要做的主要工作是创造氛围、运用工具及控制时间。

在前文中，我们不止一次强调了一个好的氛围对复盘的影响。所以，作为催化师，在复盘活动一开始，就要想好怎样创造一种好的氛围。一般来说，常用的方法有以下两种：

（1）提前和大家沟通，做好铺垫；
（2）复盘一开始，通过故事、游戏等方式让大家动起来，让每个人真正体验到复盘对工作的重要性和帮助。

各类游戏都可以有效地提高大家的热情和参与度，这种情绪一旦上来，就可以形成整个复盘活动的场域了，要保持住。

比如，游戏结束后，催化师就不能板着脸，一本正经或者呆板地宣布一些事情，而应该和大家同步，保持一种热情的状态和大家沟通。再比如，大家很开心地讨论的时候，虽然有些人的观点不是很正确，但是催化师不能立刻去制止，为了整个场域的打造，一些小错误也是可以存在的。比如，有些员工分享的内容不符合"自我改变"的原则，把一些问题归结到公司制度流程方面，而且他讲得非常投入。这时候，催化师可以先不制止他，而是由其说完，最后才要求大家针对这个内容做总结和计划。这样就确保了整个场域处于一种热烈的讨论氛围中。

催化师在整个复盘过程中，应熟练掌握一些基本的行动学习与沟通的工具和方法，如团队共创法、德菲尔打分法（也叫专家打分法）、头脑风暴法、教练技术、先跟后带沟通法、鱼骨图等，在不同的场合选择适当的工具和方法。同时，催化师也应对领导力的相关知识有一个较全面的认知。催化师在整个过程中最好不要提供答案，因为这个答案并不能保证是团队真正需要的，毕竟催化师不一定参与了整个团队的工作，但催化师可以提供一些工具和方法帮助提问者自己解决相关的问题。

催化师要注意的是复盘会议时间的控制。从原则上来说，一场复盘会可以半天就解决一些问题，也可能讨论一周也难出结果，这取决于我们讨论的内容和深入程度。比如，我们找出了 10 个问题，可以都讨论完毕，也可以选择 1 个核心问题进行集中讨论；我们在制订计划的时候，可以对所有的解决方案都做计划，也可以只针对部分重点方案做计划，不同的解决方案所耗费的时间是不同的。一般来说，我们将复盘会控制在 1~2 天为佳，如果时间过长，耽误生产；如果时间过短，难以深入。催化师可通过适时地观察员工对某一问题的反应，来调整讨论的时间。比如，我们在分析"如何提高客户对我们的满意度"这个问题 15~20 分钟后便可以有一些方案出来了，也就没有必要讨论 1 个小时，催化师要灵活掌握和控制时间。

另外一个需要催化师注意的就是学员的发言时间。在复盘会议上，总有些学员会滔滔不绝地讲很多——从项目开始到项目结束，从公司成立到客户认知。这时候，催化师应及时给予制止。制止的方式有很多，比如提问法（适当进行提问，待对方回答完之后，及时接过谈话的主导权）。当然，我们也可以在学员发言之前就安排一个时间管理员，规定好每个人的发言时间，一旦时间到，就由时间管理员进行提醒。总之，我们应确保时间可控，确保学员的注意力不被个别人或事分散。

复盘后

在复盘后，催化师要做的工作主要是协助推进和落实。

催化师要确保的不仅是复盘过程的顺利实施，同时，也要确保复盘结果的落地。催化师要能够协助部分负责人一起，就计划制订、任务跟踪、事后访谈以及相关技术咨询等方面做好辅助工作。比如，制作看板、组织定期维护；建立微信群或 QQ 工作群，定期分享行动成果；对一些落地效果突出者给予适当表扬或奖励；通过一些活动保持复盘的热度，从而改进绩效。

第十章
复盘工具和表单

第一节　复盘工具汇总

我们在这一节对复盘中所需的工具（包括第六章详细介绍的复盘中最核心的分析问题的工具）做一下简单的回顾和总结。

团队共创法

团队共创法（Team Consensus Method）是由 ICA 研发并在全世界推广，用来促进团队达成共识的方法。团队共创法是融合了头脑风暴、德尔菲技术，加上全形的概念所创新出来的

复盘思维
用经验提升能力的有效方法

团队共享方法，可以最大限度地发掘团队成员的潜能，形成团队共识，凝聚向心力。

团队共创法的步骤如图 10-1 所示。

聚焦
主题 → 集体
讨论 → 分类
排列 → 提取
思想 → 总结
归纳

图 10-1　团队共创法的步骤

先跟后带沟通法

所谓的先跟后带，就是在我们与对方沟通的时候，先接受对方的观点或态度，让对方感觉到被理解和尊重，然后再带领他从另一个角度看问题，带他走出原本的框架。

先跟后带沟通法的步骤如图 10-2 所示。

复述
问题 → 感性
回应 → 描述
行为 → 进行
隐喻 → 进行
引导

图 10-2　先跟后带沟通法

鱼骨图

鱼骨图是由日本管理大师石川馨先生所发明的，故又名

"石川图"。鱼骨图是一种发现问题根本原因的方法，所以也可以称之为"因果图"。其特点是简捷实用、深入直观。我们可以将问题或缺陷（即后果）标在"鱼头"处。我们也可以在"鱼刺"上，按出现次数的多少列出问题产生的可能的原因，这有助于说明各个原因之间是如何相互影响的。

鱼骨图的应用步骤如图 10-3 所示。

图 10-3　鱼骨图的应用步骤

5W1H

5W1H 是在 1932 年由美国政治学家拉斯韦尔最早提出的一种传播模式，后经过人们不断运用和总结，逐渐形成一套成熟的 5W1H 模式。

5W1H 分析法也被称为"六何分析法"，它是一种思考方法，也可以说是一种创造技法，是从原因（Why）、对象（What）、地点（Where）、时间（When）、人员（Who）、方法（How）六个方面对选定的工作或问题进行思考的方法。这种看似简单的一套问话和思考办法所起到的作用却不容小觑。通过这几个"W"和"H"，我们的思考可以更深入、更全面，也更科学。

5Why

5Why 分析法又称"五问法"，是探索问题原因的方法。对一个问题点连续以 5 个"为什么"来自问，直到问题的根源被确定下来。我们在应用此分析法时，可以不限定只做 5 个"为什么"的探讨，直到找到真正的原因为止。有时候我们可能只需要 3 个，而有时候也许要 10 个。

人机料法环

人机料法环这个工具也叫"4M1E 管理法"，后来也有人为其新增加了测量的因素，称其为"人机料法环测"（5M1E）。这个工具主要被生产型企业用来做全面质量管理，用这几个要素来分析影响产品质量的要素。

人事时地物

人事时地物也是一种分析问题的工具。

"人"指的是当你遇见事情的时候，你所面对的对象，包括人、单位、团队等。

"事"指的是你现在遇到什么事情，这件事跟什么相关联，能否用其他的事情来化解等。

"时"指的是这件事需要多长时间，什么时候开始，什么时候结束。

"地"指的是氛围、周边环境等一些相关的要素。

"物"指的是资源。针对这个项目，你有什么资源，还缺什么资源。

第二节　复盘表单汇总

表 10-1　目标回顾表

目标回顾表								
制定人：_____　主管：_____								
目标（SMART）	行动内容	行动开始时间	行动结束时间	方向上是否有偏差（内容和原目标是否一致）	是否完成数和量的要求	时间是否有逾期	目标是否合理	是否有附加价值产生
由本人执行，截至本月30日，入职3名高级工程师	**举例** 网上搜寻简历300份	1月1日	1月10日	没偏差	完成	1月12日完成，逾期2天	基本合理	顺便找了几名产品经理的简历
	加入1个技术群	1月10日	1月12日	…	…	…	…	…
	筛选100份合格简历	1月12日	1月15日	…	…	…	…	…
	电话邀约100个人	1月16日	1月17日	…	…	…	…	…
	确定5名入职人员	1月18日	1月28日	…	…	…	…	…
	…	…	…	…	…	…	…	…

表 10-2　复盘结果评定表

复盘结果评定表			
目标			
		是否达成	差距
结果	想一想	从数字来看如何	
	看一看	集团其他公司状况如何	
	问一问	对下一项工作的影响	
	比一比	与同行业相比	
最终的结果			

复盘思维
用经验提升能力的有效方法

表 10-3　问题分析表

问题分析表			
目标			
结果			总结
分析	人		
	机		
	料		
	法		
	环		
总结			

表 10-4　验证分析表

验证分析表				
问题	原因	假设	依据	分析和调查

表 10-5　个人行动计划表

个人行动计划表						
制定人：＿＿＿＿＿＿　　主管：＿＿＿＿＿＿						
目标 （SMART）	具体行动 （包含开始、停止、继续）		成果检查		可能面 临的 问题	需要的资 源或协助
	行动 时间	行动内容	结束 时间	达成的结果		

本篇总结

　　我们在第二篇介绍完复盘的基本流程之后，在第三篇着重介绍了复盘催化师应了解的基本知识和相关工具。

　　催化师是一场复盘活动中的关键角色，不仅承担着主持人的角色，也承担着复盘专家和场域引导者的角色。这并不是一个轻易就能胜任的工作。这就要求催化师提前做好准备，包括复盘前、复盘中、复盘后的具体事项：对复盘内容和工具有着深刻的理解，能够在每个关键点给予及时的提示和指导；能够在讨论的间隙适当地提问，激发参与者深入思考。

　　如果把复盘比喻成一场战役，把参与复盘的人比喻成战士，那么催化师就是这场战役的指挥官。这就要求催化师必须有敏捷的思维、包容的心态、丰富的知识和较强的影响力。这些都是一场复盘战役胜利的关键因素。

✔ 附录
复盘案例

用复盘来发现问题

摘要

2017年，Z事业部既定业绩目标为1 000万元，而实际只完成了600万元。连续三年亏损之后，Z事业部负责人张勇决定对所有团队进行一次复盘，找到问题，并制订下一步的行动改进计划。

引言

时间回到2014年10月底，Y集团老板李强找到张勇说，本公司为了整个生态圈的打造，需要新建立一个面向Z系统的新产品体系，拟定先成立一个事业部，待日后工作开展起来、市场打开之后，再单独成立一个子公司。张勇仔细考虑一番之后拒绝了，因为张勇很明白现在本公司产品的状况，虽然凭借 Y 集团过硬的研发水平，进入一些新领域并不是十分困难，但唯独 Z 系统，实在不适合进入。主要原因是，这个行业的"蛋糕"已经被瓜分得很干净了。早在十多年前，很多公司就已经把 Z 系统做得非常完善了。这么多年过去了，使用 Z 系统的单位数量一直没有太大变化，也并未出现过多的新需求。而与之相关的服务商经过几轮洗牌之后，已经基本确定下来——全国范围内，由广达和菲力两个龙头主导的一百多家公司已经基本完成了市场的部署。这已经是一个成熟的市场。而 Y 集团现在要想进入这个市场，无疑是从竞争对手的嘴里夺蛋糕，难度可想而知。可从 Y 集团的角度来看，为了生态圈的打造，补足这块业务空缺也确实很有必要。

拒绝之后，张勇思虑再三，在老板的要求和说服下，也只好又答应下来。可自打接了这项任务之后，张勇的"噩梦"就开始了。自事业部成立以来，到今年整整 4 年，只有 1 年业绩达标，其他 3 年业绩都未达标。眼看着其他事业部每年都赚得盆满钵盈，而自己每次年度报告的数据几乎都是"垫底"的，这且不说，因为业绩未达标，员工收入下降，导致优秀的人才留不住，留下的员工又多半没有了工作的积极性。怎么打开局面，怎么把业绩提上去，这些是张勇每天都要想破脑袋的问题。

相关背景介绍

张勇，45 岁，在 Y 集团成立不久后加入。他敏而好学，且技术水平非常高，在业界也算小有名气。他曾经带领团队攻克多个技术难关，为 Y 集团立下过汗马功劳。难能可贵的是，虽然他业绩出色，但仍然能够保持一颗奋斗的心，不断尝试产品创新，不断交流学习，并且在提升自己的同时，也能够为团队的员工着想，做人没架子，深得人心。李总之所以想把新事业部交给张勇来管理，主要还是看重他的创新精神以及研发能力。

张勇负责的事业部叫 Z 事业部，部门现有员工四十几人，其中，销售人员 10 人，研发人员 20 人，还有客服人员 10 多人。这些人，一部分为公司的老员工，工作年限超过 7 年，还有一部分是来公司不超过 2 年的新人，工作年限在 3~7 年的员工几乎没有。

Z 事业部复盘

张勇在很早之前就找到了催化师，希望催化师能够帮助他举办一场复盘会议，并且事先和催化师将部门情况进行了详细的沟通。本来张勇希望通过复盘来提升本部门员工的工作士气，进而提升团队凝聚力。但通过与催化师深入沟通，以及催化师对复盘工作的介绍，张勇意识到这可能是一个不错的发现问题并解决问题的机会。于是，张勇在原有复盘目标的基础上，增加了问题解决方案的内容。

催化师提前和张勇再三说明的是，整个复盘过程会比较烧脑，同时，很多人可能会在现场提出一些针对决策、管理、领导等方面的意见和建议，请他务必保持一颗平常心，不去评论，不去辩解，在现场尽量将自己"置身于事外"。张勇欣然允诺。

催化师在和张勇沟通完之后，向他要了一份 Z 事业部人员名单，并请他标出 Z 事业部需要重点沟通的人员。催化师根据张勇提供的名单，对 Z 事业部的人员进行了一轮电话沟通，沟通人数大概占整个部门人数的三分之一。其中，催化师对张勇标注的几个重点人员进行了更为细致的电话访谈。题目总体比较简单，如"你是否了解复盘？你现在主要负责的工作内容是什么？进展是否顺利？为什么？你是否愿意将这些内容在复盘会现场和大家分享？"针对重点标注的人员，催化师还增加了"现在 Z 事业部存在的主要问题及原因"的沟通。将访谈内容详细记录之后，催化师制作了一个"复盘课前作业表"并发给了全体员工，要求他们在复盘会前先填一下。表的内容主要是依照传统的复盘流程（回顾目标—评估结果—分析原因—总结并实施计划）所制（如附图 1 所示）。

催化师并没有期待通过这个表收到多少有价值的信息，根据经验，大多数人在这个表里填的都会是自己的成功经验，催化师很难在这些成功经验中找到太多有价值的信息。当然，我们并不是说成功经验不能填，但更关键的是员工对这个问题的深入思考的程度。在大多数情况下，员工在填表时很难深入思考，只是应付差事罢了。即便有人打算认真填写，可碍于白纸黑字，总不愿意把自己的不足完全暴露在别人面前。所以保险起见，大多数员工会认为还是写一些完成得不错的工作比较好。

这个表的作用，一方面是预热，让大家通过填写这个表格，对复盘过程有一个简单的了解，做好心理准备；另一方面是预警，通过对这个表格的填写，让大家先明白，复盘是一个剖析以往工作的过程，自己需要带着对过往问题的思考来参加复盘会。其实，每个人在开始拿到这个表的时候，可能心理都会有一个正要复盘的案例，只不过这个案例不能告诉别人罢了。只要员工的内心有想法了，催化师就要想办法把大家的想法引出来。

问卷收回之后，催化师简单地扫了一下内容，果不其然，

复盘思维

用经验提升能力的有效方法

一、回顾目标	二、评估结果
当初的目标是什么（期望的结果）	与原来的目标相比

三、分析原因	四、总结规律
成功的关键因素（主观/客观）	经验和规律（不要轻易下结论）
失败的根本原因（主观/客观）	行动计划

行动计划：要做的事 / 不要做的事 / 继续做的事

附图 1　复盘课前作业表

里面提到的大多是自己的成功故事以及先进事迹，有些员工甚至写到了几年前的辉煌。可催化师不看这些，主要看了一下大家近期在做的一些项目，以及项目中存在共性的内容，然后简单地做了一下整理，以便在现场可以说出大家正在进行的项目。催化师这么做一方面可以拉近与员工的距离，另一方面也可以通过对项目的描述，将大家的心态引到"对事不对人"上来。

催化师筹划了许久的复盘活动终于开始了。

催化师先一步来到现场，将行动学习要用到的大白纸、便笺纸、白板笔、胶泥等物料安排部门助理摆好，然后对现场的布置提了一些简单的要求，比如桌椅摆放等。接下来，重点就是观察大家进来时的状态了。

这样一个几乎连年亏损的事业部，员工们的士气应该是不高的，状态应该是低迷的。表现在行为上，很可能大家对复盘这个活动会有一些抗拒。正式复盘之前，催化师特意做了充分的准备，之前为了防止此类问题发生，也做了不少预案。

提前半小时已经陆续有人进入会场了，这让催化师心里有了一个不错的预期。催化师并没有急于和大家打招呼，而是假意在忙着一些自己的事，这时候，竟然有人主动和他打了招呼，并询问了一些接下来的事项，这让催化师对大家的状态有了一个初步的评估。提前 10 分钟左右，人员基本到齐，这时候，催

复盘思维
用经验提升能力的有效方法

化师悄悄地将 PPT 中一些调动气氛的活动隐藏了起来。

为了使大家放下戒备的心理，营造开放的氛围，催化师开场先带领大家做了"我是大诗人"的活动。通过这个活动，催化师发现大家有着极其高涨的参与热情，同时，也对本部门有着深厚的感情。在要求大家描述对现有工作或本部门的想法时，有的小组描述了与客户沟通的困扰；有的小组描述了对市场的困惑；也有的小组写了一首"致部门"的诗，声情并茂，让人由衷地感到员工对本部门发自内心的情感。

催化师发现大家士气如此之高，果断舍弃了之前准备的很多提升士气的手段和技巧，直接进入主题。

为何大家会对复盘这件事有着如此之高的热情呢？

虽然一开始有些人看似有些抗拒，但一进入实际的复盘环节，就表现出了极大的热情。当然，也有一部分人在整个过程中都虚与委蛇，但这并不影响大局。我们认为，大家之所以对复盘表现出极大的热情可能有以下几个原因。

第一，大家之所以对复盘如此热情，是源于对知识的追求。大多数人可以允许自己失败，但都想知道自己错在哪里了。每个人都有追求未知事物的欲望，这种探索欲望已经成了人类的本能。尤其是当这个未知事物与我们息息相关的时候，这种欲望就更强烈了。

第二，在复盘过程中，所有讨论完全是"对事不对人"，催化师抛出的问题不会和任何个人直接相关。在一个安全的环境下，每一个沉浸其中的人，自然都有很多话想说。

第三，每个人内心深处其实都不曾把自己置身于公司之外，都渴望参与到公司的决策和管理中来，为公司的发展出谋划策，大有"我的事情我做主"的势头。尤其是当大家知道这个想法有很大概率会被领导采纳的时候，这份激情就更加高涨。

员工的热情上来了，接下来就正式进入复盘的流程环节。

第一步：确定目标

催化师先请大家以小组为单位写出 Z 事业部上一年度的工作目标。这时出现了一个很有意思的现象，几乎每个组对本部门的年度目标都有着不一样的认知，有的人认为本部门年度目标是完成既定的销售业绩，有的人认为是完成产品升级，也有的人认为是年底的顺利回款等。

于是，催化师邀请张勇上台分享一下本部门上一年度的工作目标。张勇给出的内容很明确，年度营收 1 000 万元，实现利润 350 万元。而 Z 事业部实际完成 600 万元，利润为零。众人哗然。催化师要求大家拿出一张大白纸，在纸的最上方写上一句话："截至 2017 年 12 月 30 日，Z 事业部共实现营收 1 000 万元，利润 350 万元。"这个过程其实就是明确目标的过程。

第二步：评估结果

如前所述，评估结果的过程实际上就是一个问题发现的过程。而问题则是实际结果与目标之间的差值。我们也花了很大的精力去分析关于问题的相关概念。但是，在实际操作的时候，我们遵循的顺序应该是：第一，评估本部门的实际结果；第二，如果结果不错，再从公司/集团层面进行比较，了解本部门的工作是否对公司有不利影响；第三，如果依然良好，再将结果放到市场中进行横向比较；第四，如果效果依然良好，那我们要去评估的就是"我们为什么会取得如此傲人的成绩"。我们发现，Z事业部与其他部门的差距已经很明显了，我们不用花费过多的精力再去做横向比较。Z事业部预计完成的业绩是1 000万元，实际完成600万元，差距为400万元，这就是问题点所在了。那么接下来，我们就要去准确描述这个问题了。我们将其定义为"与预期1 000万元的目标相比，Z事业部合计有400万元的营收未完成"。

第三步：原因分析

这是一个耗时最长、最烧脑的环节。催化师要求大家在白纸上画出鱼骨图，在鱼头位置写上"Z事业部合计有400万元的营收未完成"，然后，催化师邀请大家再拿出一张白纸，画出事件轴，写出导致Z事业部少收入400万元的事件。

  我们采取"团队共创法"进行讨论。这种方法的优势在于可以有效调动每个员工参与的积极性，让每个人都有发言权。这种方法其实很简单，给每个人 5 分钟，要求其对上述问题进行思考，然后将自己的意见写在便笺纸上，每张便笺纸写一条意见，有多少条意见就写多少张便笺纸，这样便于大家在集体讨论的时候可以将每条意见迁移粘贴。写完之后，每个人轮流发言，详细阐述自己的观点和看法，如果后面发言的人的观点和之前的人有重合之处，则自动跳转下一条。在小组内成员将所有观点阐述完毕后，对便笺纸的内容进行分类，然后，由小组长带领大家对所有观点进行投票，票数最高的便笺纸将作为本小组最终的意见。

  半小时后，各小组基本讨论完毕，呈现的观点各不相同。有人认为，部门因两个资深的销售主管离职，导致一部分非常重要的客户流失，进而影响营收；也有人认为，因为去年产品升级，新产品的适用性较之前的产品差了很多，导致客户体验下降，进而影响了客户对公司产品的购买，影响了整体营收；还有人认为，因为去年公司面临产品重大升级以及市场策略的重新调整，团队将大部分时间和精力都投在了新产品研发上，这影响了市场开拓和客户服务体验，所以，年初在制定目标的时候，就应该将目标定得低一些。总之，各小组一共列出了 17

条导致问题发生的事件。

Z 事业部助理将所有选项统计到一张大白纸上之后，所有人自发地展开了新一轮讨论："这个不是，那个虽然有影响，但不是主要原因……"催化师顺势引导大家对以上选项进行投票，选出员工认为对最终结果影响最大的三个事件。投票的方式是，以个人为单位，每个人有三票的投票权，本组人员不允许给本组投票，同一选项最多投票数不能超过两票。

一轮投票下来之后，得出的结论是：（1）员工离职；（2）政策固化，调整不及时；（3）年度目标制定不合理。张勇对这个结果进行确认之后，将其写在了白板上，然后请大家对这个结果发表自己的看法。很多人积极地发表了自己的想法和意见。而此时，张勇站在白板前，已经陷入了沉思……

接下来，每组再次拿出三张白纸，分别画出鱼骨图，并在白纸的右边分别写上"员工离职""政策调整""目标制定"三项内容。

由于时间问题，催化师并未要求大家将所有内容全部讨论，而是和张勇沟通，应该先拿出哪个选项讨论，最终确定的是"目标制定"。

催化师要求每组成员在标有"目标制定"的白纸上画出鱼骨图，写出"人机料法环"五个分析维度，然后分别对这五个维度做简单的解释，并邀请大家就"年度目标制定不合理的原因及表现"进行现场讨论。

经过总结和提炼，大家发现造成目标制定不合理的原因如下。

人的因素

1. 客户对产品的功能要求比较多，这就需要部门在年初的时候针对客户的需求，在原有产品的基础上开发新的功能，并对原有的小部分功能进行优化。正因为如此，部门制定的年度目标中就包含了新产品开发的内容，这严重影响了产品发布的时间。

2. 每年集团下达给Z事业部的业绩目标都在不断增加，迫使领导不得不忙于应付销售指标，无暇顾及产品及服务等软性指标的达成。

3. 员工的成长速度不够快，比如销售人员，其所需的行业专业知识较多，并且新来的销售人员最少要半年以上才能正式上手。另外，很多员工工作效率低，比如，研发产品的进度就不是很理想。

4. 员工对本部门到底要做什么不是很清楚，只是在被动地接受领导的安排，没有任何参与感，导致有些事情做起来效率很低。

5. 领导制定的年度目标几乎就是拍脑袋拍出来的，没有进行充分的商业评估。

6. 一些新产品被辛辛苦苦研发出来之后，客户根本不买账，或者大多数客户不买账。

7. 年度目标的制定只涉及工作内容，而没有列明由哪些人来干，这就导致后续有一些人的工作因为不断被加码而忙不过来，效率也就不高。

8. 因为产品进入市场较晚，还没有形成忠实的客户群体，而每年维护客户的成本也很高，投入的时间、精力和金钱都很多。

9. 竞争对手刻意打压，有时候会对我们进行恶意诽谤，导致客户对我们不认可。

10. 关键决策人的领导力不足，导致其制定的工作制度和策略不是很合理。

11. ……

产品（料）的因素

1. 虽然产品功能看似多而全，但因产品没有明确的目标客户群体而显得功能不够聚焦。

2. 我们有的产品功能竞争对手也有了，竞争对手没有的产品功能我们也几乎没有。也就是说，产品本身没有特别突出的亮点，无核心竞争力，性价比低，不能满足客户需求。

3. 产品进入市场的时间较晚，市场占有率低，客户对原有品牌的认知已经形成，很难转变。

4. 产品标准化程度不高，每次客户提出新需求的时候，企业都要进行二次开发，耗费了大量的人力和物力。

5. 销售人员的销售能力有待提高。介绍产品需要大量专业知识，很多销售人员不具备相关的知识。

6. 技术环节不成熟，有些需要快速迭代的产品却花费了很长的时间研发，有些可快速解决的问题却花费了大量的人力和物力。

7. 客户对产品的认可度不高，产品的易用性差，产品的测试范围小。

8. ……

流程及方法（法）的因素

1. 因为目标管理流程不够严格，导致目标的制定比较片面和单一，员工最终的工作内容和实际情况不相符。

2. 销售流程和方法过于单一，没有借助最新的互联网工具
   和思维，拓展客户的速度不快。

3. 缺乏激励机制。

4. ……

环境（环）的因素

1. 产品市场已经比较成熟，所以抢单比较困难。

2. 客户与本部门项目组的配合不流畅，需要定期增加沟通
   频率。

3. 部门内部缺乏合理的竞争机制，论资排辈现象严重，团
   队缺乏活力。

4. ……

经过激烈的讨论，员工系统地对以往的所有问题进行了深
入剖析和探讨，最终形成了上述结论。催化师对"目标制定不
合理"这个选项做了一个简单的统计，大家一共提出了近六十
条意见，其中有关于领导的，有关于自我反思的，也有从市场、
技术等角度进行分析的。

接下来，大家将讨论的信息进行现场呈现，并做详细解释，
其他员工就解释人员的陈述进行提问，双方唇枪舌剑地就某一
问题展开深入讨论。

第四步：进行总结

当所有的意见被罗列出来之后，接下来要做的工作是确定在这些选项中，哪几个才是导致问题发生的真正原因。我们比较推崇的方法是"大胆假设、小心求证"，也就是找到业务专家，对该问题进行大胆假设，然后通过调研、访谈等方式进行最终确认。一般我们是邀请做过多年公司管理或者业务管理的高管或者咨询顾问来担任专家。而这两类人都不太适合Z事业部目前的情况，所以催化师采用了第二种方法——投票法。

催化师再次要求大家进行投票，选出"目标制定不合理"的因素中最主要的三个。经过激烈讨论，大家最终选出的三个因素是：（1）员工对部门的目标理解不到位；（2）产品的市场认可度不高；（3）产品入市晚，行业空间小。

正当大家为找到一个问题的答案而欣喜的时候，催化师问道："这三个因素和我们有什么关系？""为什么员工对部门的目标理解不到位？""为什么我们产品的市场认可度不高？""为什么我们的行业空间小？"

众人一脸茫然，有人试着对第一个问题进行回答，对话如下。

催化师："为什么员工对部门的目标理解不到位？"

员工："因为我们（员工）没参与到目标的制定中去。"

催化师："为什么员工没能参与到目标的制定中去呢？"

员工："因为我们觉得这是张总（张勇）的事，和我们无关，所以没去关注。"

催化师："你们为什么会觉得这个事和你们无关呢？"

员工："嗯……可能是我们平时缺乏主动参与的精神，另外，领导也没给我们创造参与的环境。"

催化师："所以，这一条改为'员工对部门目标制定的参与度不够'，可以吗？"

员工："可以！"

那么我们再来看产品的市场认可度不高这个因素。

催化师："为什么我们的产品市场认可度不高呢？"

员工："因为客户用起来不是很方便。"

催化师："为什么客户用起来不是很方便呢？"

员工："因为我们在开发产品的时候，没充分调研客户的实际使用习惯和需求。"

催化师："为什么我们没有去调研客户需求呢？"

员工："我们缺少客户需求调研的成套机制。"

催化师："所以，这一条改为'缺乏客户调研的机制'，可以吗？"

　　员工："可以！"

　　经过几次连续提问，员工对问题的认识更加深入，并且能够将每个问题落实到自身可操作和实施的范围内。

　　怎么解决呢？催化师又抛出了一个问题。"我们不光要知道原因，还要知道怎么去解决。现在，请每个人拿出一张 A4 纸，在纸上写出'为什么员工对部门目标制定的参与度不够'这个问题的解决方案，每人写出不少于 5 条方案。要注意，任何一个方案都可以，我们在这里不去考虑方案是否可行，只要我们能想到的，都可以提出来。比如，曾经有人提过，产品质量不行，解决方案是：投资 1 亿元引入业内关键人才来帮忙解决。这也是完全可以的。所以，请不要质疑任何一个意见和想法。大家先休息十分钟，回来再讨论这个问题。"

　　虽然到了休息时间，可大部分人都没有离场，又一次热烈地讨论起来……

　　50 分钟后，大家讨论并总结出了近 200 条处理建议，比如，针对"为什么员工对部门目标制定的参与度不够"这一问题，解决方案如下。

1. 每个月由业务主管和员工进行工作会议沟通。

2. 设立目标基金，对积极参与的人给予奖励。

3. 做好定期复盘。

4. 制作目标看板，放在办公区域内由专人进行维护。

5. 填写日报、周报、月报。

6. 做好目标分解，让每个人都知道自己的目标和部门的目标是否一致。

7. ……

这时候，催化师要求部门助理将所有的解决方案整理到一张大白纸上，并进行标号；同时，再拿出一张大白纸挂在白板上，在白纸上画出解决方案分析四象限图，横坐标为可执行程度，纵坐标为影响程度。催化师要求大家一起讨论，每个方案应该放到哪个象限中。放置完毕之后，再次对最终结果进行讨论和调整。

最终，大家对每一个问题都进行了讨论，画出三个四象限图，并分别将解决方案置入四个象限之中（如附图2所示）。

第五步：制订计划

催化师邀请Z事业部中每个小组的负责人先去和本小组成员一起讨论本小组的解决方案。然后，催化师邀请每个员工根据本小组的计划来制订、分解个人的工作计划，并填写下面的

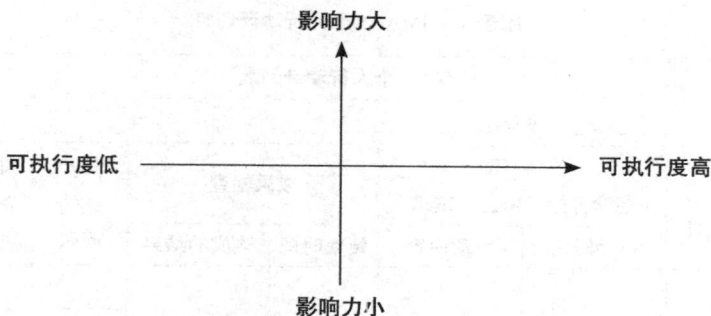

附图 2　四象限图

SMART 个人计划表（如附表 1 所示）。

　　完成 SMART 个人行动计划表之后，每个人拍照留存，原件由催化师收上来，并向大家说明，这些计划将在大家第一个计划节点的时候，由人力资源部的同事发给大家，看看我们完成得如何。

　　复盘结束之后，催化师将这些计划交给人力资源部，请人力资源部的同事根据每个计划的结束时间，将计划表发给每个人，然后与其进行"一对一"的沟通，一起讨论计划的完成程度和下一步需要改进的内容。

附表 1 SMART 个人行动计划表

SMART 个人行动计划表						
制定人：＿＿＿＿＿＿ 主管：＿＿＿＿＿＿						
目标 （SMART）	具体行动 （包含开始、停止、继续）		成果检查		可能面临的问题	需要的资源或协助
	行动时间	行动内容	结束时间	达成的结果		

结束语

　　写一本书比我想象中的难度大很多，这不仅体现在对知识内容的再梳理和优化上，还体现在与时间的竞争上。在写这本书的过程中，恰逢女儿出生，我白天工作，晚上回家还要先照顾孩子。不管怎么样，这几个月算是坚持了下来，虽然辛苦，但也收获满满。

　　回过头来再看复盘，我发现自己的认知也在悄然发生着变化。

　　之前我只是将其看作是一个管理工具，它可以帮助企业或部门发现并解决自己的问题。而现在，我觉得这更是一种工作理念。严格遵循流程和方法固然重要，但不断精进、对自己和团队提出更加严格的要求、树立从优秀到卓越的追求才是复盘的核心目的。

　　我们在纷繁复杂的社会中，总会习惯性地往前冲，不断地挑战一个又一个目标。可最终我们到底收获了什么？是否有所成长？有时候我们总觉得说不清、道不明，如在云雾之中。

之前看过一个赛狗的视频，印象颇深。赛狗们被关在一个笼子里，有一个滑道，滑道中捆着一只兔子。一声令下，笼门打开，滑道上的兔子被机械裹挟着沿滑道迅速远去，赛狗们如箭一般窜出，纷纷追寻兔子。最终，最先跑过终点线的狗狗获胜。我很好奇：最后获胜的狗狗是否会吃到这只兔子。有朋友告诉我，一般越过终点线后，主人会奖励赛狗们一些零食；至于兔子，早就被狗狗们抛到了九霄云外了。

很多时候，工作也是如此。我们为了达到目标而前进，但在这个过程中却总会忘记目标的方向而专注于具体任务的完成。当初追寻的目标是什么，在追寻的过程中我们付出了什么，又得到了什么，往往会被我们有意无意地忽略。而这些，往往才是我们人生中最重要的部分。

所以，我们要停下来，回顾一下目标，分析一下过往，积攒一下经验和能量，然后再去努力地探寻和追求。这样的工作和生活才会更有价值。而复盘就是帮助大家停下来的一种方法。

停下，不是偷懒，不是抱怨，而是为了更好的明天。

~~